최종합격을 위한

2024 개정판 승강기 실기

총정리

시험대비
- 승강기 기능사
- 승강기 산업기사
- 승강기 기사

최기호 · 한영규 공저

 동영상 강의 교재 | 주경야독 | http://www.yadoc.co.kr

이 책의 특징

- 출제 예상 필기(이론)시험 요점 정리
- 과년도 문제들을 나열하여 문제 성향을 파악
- 실기시험에 출제되고 있는 각종 기구들을 그림과 함께 설명
- 행거롤러 체결 및 로프 체결 방법을 알기 쉽게 그림으로 설명
- 승강기 'Point 요점 정리'를 수록

질의응답 사이트 운영
http://www.kkwbooks.com
(도서출판 건기원)

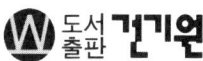 도서출판 건기원

머리말

최근 고층 아파트와 고층 건축물의 증가로 승강기(산업)기사와 승강기 기능사 자격증을 취득한 사람들이 각광을 받고 있습니다.

본 교재는 승강기(산업)기사와 승강기기능사 자격증 취득을 위한 수험자들을 위한 수험서 입니다.

특히 승강기(산업)기사 실기 수험자들을 위한 길잡이가 될 수험서가 없어, 이에 도움을 주고자 본 교재를 집필하게 되었습니다.

본 교재의 특징은
1. 실기 시험에 출제되고 있는 각종 기구들을 그림과 함께 자세히 설명하였습니다.
2. 출제 가능한 필기(이론)시험 부분들은 요점을 정리하여 나열하였습니다.
3. 과년도 문제들을 나열하여 문제 성향을 파악하도록 하였습니다.
4. 행거롤러 체결 및 로프체결 방법을 알기 쉽게 그림으로 표현하였습니다.
5. 승강기 'Point 요점 정리'를 부록에 추가 수록하였습니다.

끝으로 본 교재로 공부하는 모든 수험자들에게 합격의 영광이 있기를 바라며, 이 책을 출간 하는 데 도움을 주신 도서출판 건기원 직원 여러분께도 감사를 드립니다.

저자

차례

제 I 편 작업형

제1장 시퀀스 제어 ··············· 8
1. 시퀀스 제어의 이해 ··············· 8
2. 접점의 종류 ··············· 8
3. 표시등의 색상 ··············· 9
4. 스위치 및 계전기 ··············· 9

제2장 기본회로 ··············· 16
1. 기본회로 이해하기 ··············· 16
   1) 자기유지회로 ··············· 16
   2) 릴레이 사용회로 ··············· 17
   3) 인터록 회로(Interlock circuit) ··············· 18
   4) 지연동작(Timer) 회로 ··············· 19
   5) 후리커 릴레이 회로 ··············· 20
   6) 3상 유도 전동기 정역회로 ··············· 21
   7) Y-Δ 기동회로 ··············· 23

제3장 시퀀스 회로 실습 ··············· 25
1. 실습 공구 및 재료 준비하기 ··············· 25
2. 회로 결선 Tips와 Rule ··············· 26

제4장 시퀀스 회로 연습문제 ··············· 28
1. 직입 기동 방식 ··············· 28
2. 정역회로 기동 방식 ··············· 29
3. Y-Δ 운전 제어 회로 ··············· 30
4. 순차 제어 ··············· 31
5. 단독 제어 ··············· 32

제II편 필답형

제1장 승강기의 실무 ·· 34
1. 전기식(로프식) 엘리베이터 ··· 34
2. 유압식 엘리베이터 ··· 54
3. 에스컬레이터 ·· 56
4. 수평보행기(Moving Walk) ·· 58
5. 소형 화물형 엘리베이터(Dumb Waiter) ···························· 59
6. 휠체어 리프트 ·· 59
7. 소방구조용(비상용) 엘리베이터 ··· 60
8. 장애인용 엘리베이터 추가 요건 ·· 61
9. 기계식 주차장치 ·· 62
10. 유희시설 ··· 62
11. 승강기 설계 ·· 63
12. 전기설비설계 ·· 75
13. 지해 대책 설비 ·· 78

제2장 논리회로 및 불대수 ·· 79
1. 논리회로 ··· 79
2. 불대수 ·· 80

차례

제Ⅲ편 과년도 문제

제1장 승강기 기능사 ········· 83
  1. 시퀀스 회로 ········· 83
    1) 타이머에 의한 전동기 Y-Δ 운전회로 ········· 83
    2) 타이머에 의한 전동기 기동·정지 반복회로 ········· 85
    3) 타이머에 의한 전동기 정·역 운전회로 ········· 87
    4) 푸시버튼에 의한 전동기 Y-Δ 운전회로 ········· 89
    5) 타이머에 의한 전동기 정·역 운전회로 ········· 91
    6) 푸시버튼에 의한 전동기 Y-Δ 운전회로 ········· 93
  2. 행거롤러 취부작업 및 와이어로프 소켓에 삽입작업 ········· 95
    1) 행거롤러 취부작업 ········· 95
    2) 와이어로프 소켓에 삽입작업 ········· 97

제Ⅳ편 기사(산업기사) 출제 예상문제

제1장 단답형 문제(과년도 문제) ········· 100
  1. 승강기 산업기사 ········· 100
  2. 승강기 기사 ········· 134

제2장 논리회로 및 불대수 문제 ········· 195

제3장 시퀀스 회로 문제 ········· 202

[부록] Point 요점 정리 ········· 211

작업형

제1장 시퀀스 제어
제2장 기본회로
제3장 시퀀스 회로 실습
제4장 시퀀스 회로 연습문제

제 1 장 시퀀스 제어

1 시퀀스 제어의 이해

미리 정해진 순서에 따라 차례로 단계적으로 조작되는 제어를 말한다.
① 개로(Open. OFF) : 전기회로의 일부를 스위치, 릴레이 등으로 여는 것
② 폐로(Close. ON) : 전기회로의 일부를 스위치, 릴레이 등으로 닫는 것
③ 복귀(Reseting) : 동작 이전의 상태로 되돌리는 것
④ 여자(勵磁) : 전자릴레이, 전자접촉기, 타이머 등의 코일에 전류가 흘러서 전자석으로 되는 것
⑤ 소자(消磁) : 전자코일에 흐르고 있는 전류를 차단하여 자력을 잃게 하는 것
⑥ 인칭(Inching) : 기계의 순간 동작 운동을 얻기 위해 미소시간의 조작을 1회 반복해서 행하는 것
⑦ 연동(連動) : 복수의 동작을 관련시키는 것으로 어떤 조건이 갖추어졌을 때 동작을 진행시키는 것

2 접점의 종류

접점(Contact)이란 회로를 접속하거나, 차단하는 것으로 a 접점, b 접점, c 접점이 있다.

▼ 접점의 종류

접점의 종류	접점의 상태	별칭
a 접점	열려 있는 접점 (arbeit contact)	• 메이크 접점(make contact) • 상개 접점(normally open contact) (NO 접점 : 항상 열려 있는 접점)
b 접점	닫혀 있는 접점 (break contact)	• 브레이크 접점(break contact) • 상폐 접점(normally close contact) (Nc 접점 : 항상 닫혀 있는 접점)
c 접점	전환 접점 (change-over contact)	• 브레이크 메이크 접점(break make contact) • 트랜스퍼 접점(transfer contact)

▼ 접점의 표시

a 접점			
b 접점			
c 접점			

3 표시등의 색상

동작상태	색상	기호	영문
전원 표시	백색	WL, PL	white lamp, pilot lamp
운전 표시	적색	RL	red lamp
정지 표시	녹색	GL	green lamp
경보 표시	등색	OL	orange lamp
고장 표시	황색	YL	yellow lamp

4 스위치 및 계전기

1) 누름 버튼 스위치(Push Button Switch)

버튼을 누르고 있을 때에만 접점이 개폐되며, 손을 떼면 스위치 내부의 스프링의 힘에 의하여 복귀되는 제어용 조작 스위치를 말한다.

- a 접점 : 스위치를 조작하기 전에는 열려있는 접점으로 일하는 접점(Arbeit Contact), 상시개방접점(Normal Open Contact)으로 "NO"로 표시한다.
- b 접점 : 스위치를 조작하기 전에는 닫혀있는 접점으로 열리는 접점(Break Contact), 상시폐쇄접점(Normal Close Contact)으로 "NC"로 표시한다.

- c 접점 : 절환접점이다. a 접점과 b 접점을 공유하면서 변환하는 접점(Change Over Contact) 또는 이동 접점이라 한다.

▲ 복귀형 푸시 버튼　　▲ 조광용 푸시 버튼　　▲ 셀렉터 스위치

2) 계전기(Relay)

전자력에 의해 접점을 개폐하는 기능을 가진 장치이다. 전자코일에 전류가 흐르면 고정철심이 전자석(여자 : 勵磁)으로 되어 가동철편이 흡인되고, 그것에 연결된 가동접점은 고정접점과 접촉된다. 그러나 전자력을 잃게(소자 : 消磁)되면 가동접점은 스프링의 힘으로 복귀되어 원상태로 된다.

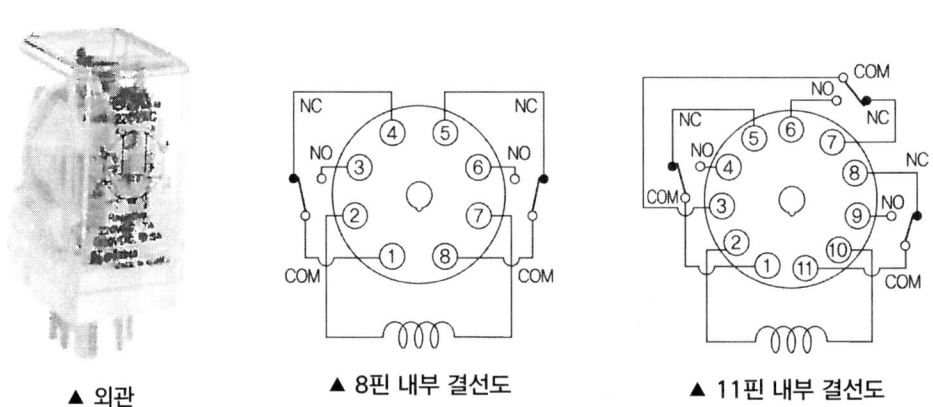

▲ 외관　　▲ 8핀 내부 결선도　　▲ 11핀 내부 결선도

3) 타이머(Timer)

동작 상태에 따라 한시동작형과 한시복귀형이 있다. 한시동작형(ON-Delay)은 입력신호가 주어지고 설정된 시간이 경과한 후 출력신호를 발생하여 a 접점은 닫히고 b 접점은 열리는 형태이며, 한시복귀형(OFF-Delay)은 입력신호가 주어지고 설정된 시간이 경과한 후 출력신호를 발생하여 a 접점은 열리고 b 접점은 닫히는 형태이다.

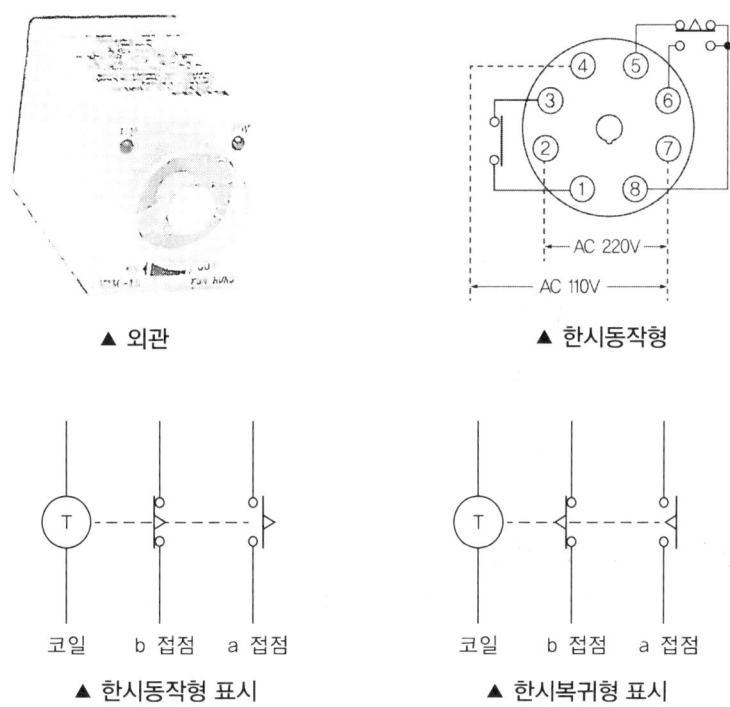

▲ 외관　　　　　　　▲ 한시동작형

▲ 한시동작형 표시　　　▲ 한시복귀형 표시

4) 후리커 릴레이(Flicker Relay)

전원이 투입되면 a 접점과 b 접점이 교대 점멸되며 점멸시간을 사용자가 조절할 수 있고 경보 신호용 및 교대점멸 등에 사용된다.

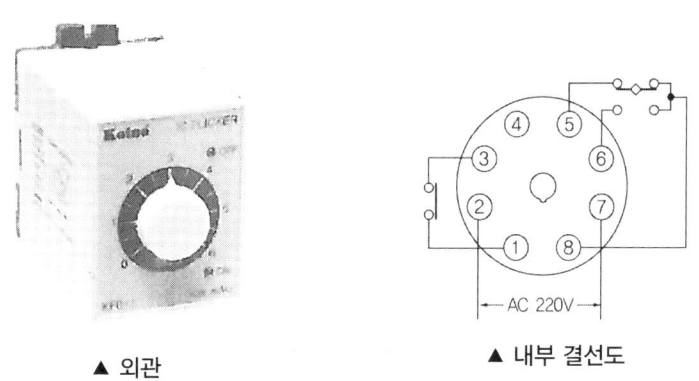

▲ 외관　　　　　　　▲ 내부 결선도

5) 파워 릴레이(Power Relay)

전자접촉기 대신 전력회로의 개폐가 가능하도록 제작된 것으로, 릴레이처럼 일체형으로서 취급이 간단하다.

제 I 편 작업형

컨트롤 박스 제작 시나 고장수리 시에 빼내어 점검할 수 있어 수리시간이 단축되는 장점이 있다.

▲ 외관

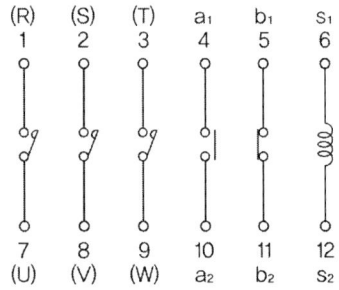

▲ 내부 결선도

6) 전자식 과전류 계전기(EOCR : Electronic Over Current Relay)

전자식 과전류 계전기는 열동식 과전류 계전기에 비해 동작이 확실하고, 과전류에 의한 결상 및 단상 운전이 완벽하게 방지된다.

▲ 외관

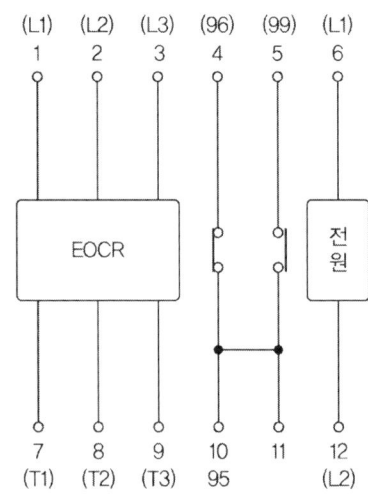

▲ 내부 결선도

7) 온도 스위치(Temperature Relay)

온도가 일정한 값에 도달하였을 때 동작 검출하는 계전기로, 온도 변화에 대해 전기적 특성이 변화하는 소자(서미스터, 백금 등) 저항이 변화하거나, 열기전력을 일으키는 열전쌍 등을 측온체에 이용해 그 변화에서 미리 설정된 온도를 검출, 동작하는 계전기이다.

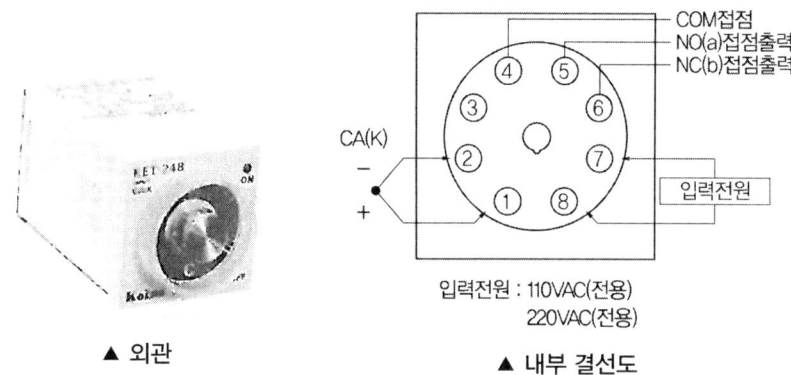

▲ 외관　　　　　　　　▲ 내부 결선도

8) 카운터(Counter)

숫자를 셀 때 사용하는 용도로 가산(Up), 감산(Down)이 되며, 입력신호가 들어오면 출력으로 수치를 표시한다. 입력신호를 적산하여 계수하는 적산 카운터와 설정한 수와 입력신호 수가 같을 때 출력신호를 내는 프리셋 카운터가 있다.

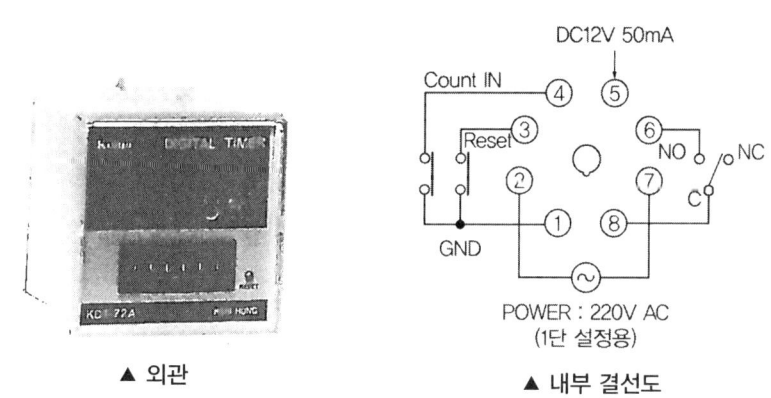

▲ 외관　　　　　　　　▲ 내부 결선도

9) 플로트레스 스위치(Floatless Switch)

플로트레스 계전기라고도 하며, 공장 등에 각종 액면제어를 할 때 사용된다.

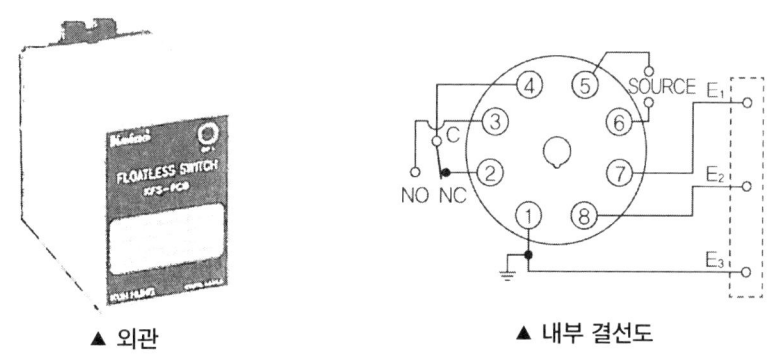

▲ 외관　　　　　　　　▲ 내부 결선도

10) 전자 접촉기(Magnetic Contactor)

전자 접촉기는 전자 코일에 전류가 흐르면 전자석으로 되어 가동 철심을 흡인하여 접점을 개폐하는 기능이다.

전자 코일 단자에 정격 전압을 가해주면 전자 코일이 전자석으로 작용하고, 그 흡인력으로 a 접점은 폐로되고 b접점은 개로되는데, 전자 코일에 전원이 차단되면 스프링의 힘에 의하여, 원래의 위치로 복귀한다.

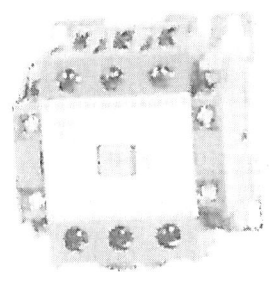
▲ 외관

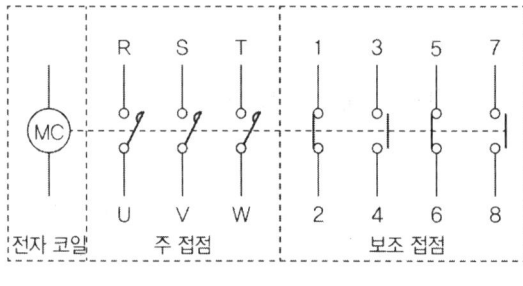
▲ 기호

11) 열동형 과전류 계전기(THR : Thermal Heater Relay)

열동형 과전류계전기는 설정값 이상의 전류가 흐르면 접점을 동작 차단시키는 계전기로서, 전동기의 과부하 보호에 사용된다.

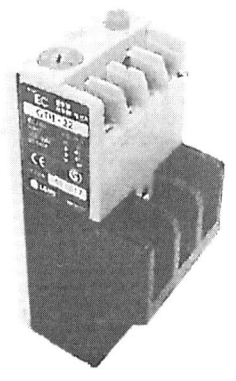
▲ 외관

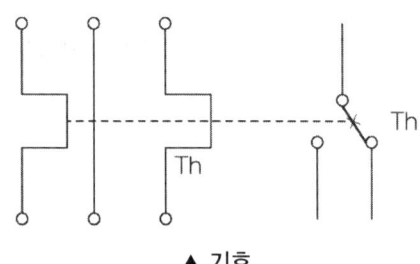
▲ 기호

12) 배선용 차단기(Molded Case Circuit Breaker : MCCB)

배선용 차단기란 개폐기구 트립장치 등을 절연물 용기 속에 일체로 조립한 기중차단기를 말한다. 과전류 및 단락 시에는 열동트립(또는 전자트립) 기구에 의해 회로를 차단한다.

▲ 외관

기본회로

1 기본회로 이해하기

1) 자기유지회로(自己維持回路)

PB_1을 누르면 코일 X가 여자되어 X-a가 붙음으로써 PB_1에서 손을 떼어도 누르고 있을 때와 같이 X를 여자시키는 회로를 말한다.

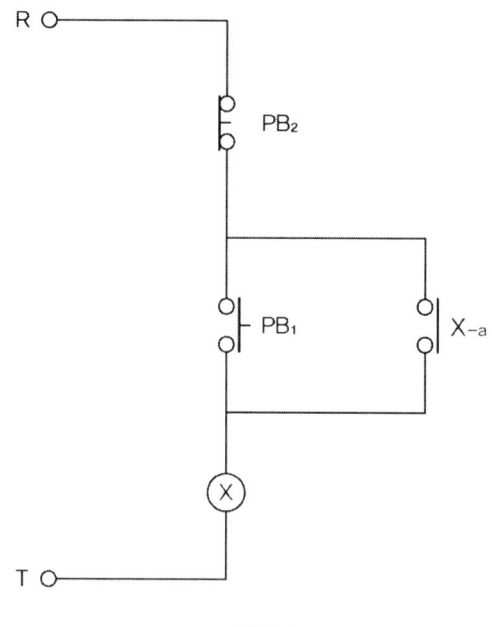

▲ 회로도

2) 릴레이 사용회로

릴레이의 a, b 접점만을 사용한 회로를 말한다.

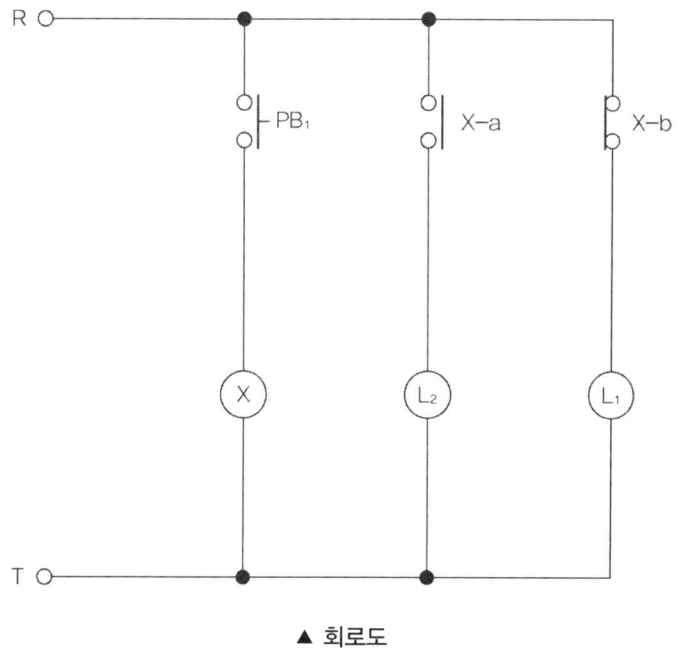

▲ 회로도

동작사항

- 전원투입을 하면 L_1이 점등된다. 그때 PB_1을 누르면 X가 여자되어 L_1은 소등, L_2는 점등된다. (PB_1에서 손을 떼면 X는 소자되어 L_1만 점등된다.)

3) 인터록 회로(Interlock circuit)

먼저 동작되고 있는 회로가 반드시 정지되어야 다음의 회로가 동작될 수 있는 회로를 말한다. 그 이유는 인터록 접점 때문이다.

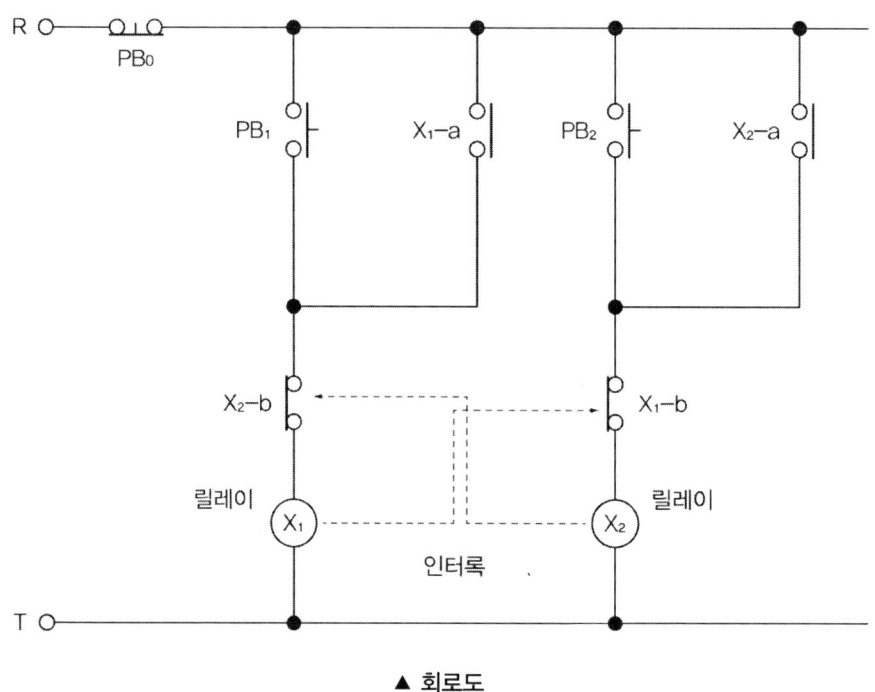

▲ 회로도

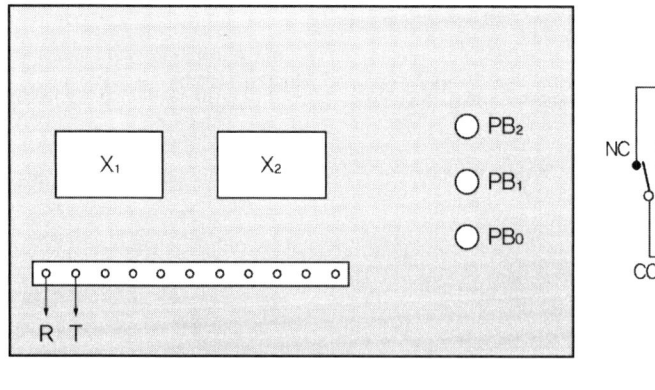

▲ 배치도

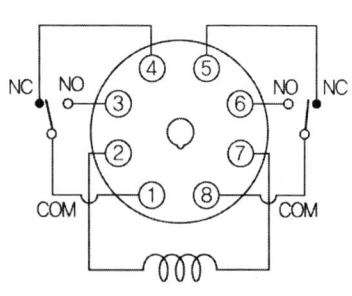

▲ 릴레이 내부 결선도

- PB₁을 누르면 X₁이 여자되어 자기유지 회로가 구성되는데, 그때 인터록 접점에 의해 PB₂를 눌러도 X₂는 절대로 여자되지 않는다. (X₁을 소자 시키려면 PB₀을 누르면 된다)

- PB₂를 누르면 X₂가 여자되어 자기유지회로가 구성되는데, 그때 인터록 접점에 의해 PB₁을 눌러도 X₁은 절대로 여자되지 않는다. (X₂를 소자시키려면 PB₀를 누르면 된다.)

4) 지연동작(Timer) 회로

on delay timer 회로를 말하는데, 타이머 코일이 여자된 후, 수초 후(설정해 놓은 시간) 한시접점이 이동함에 따라, 그에 따른 회로의 동작이 이루어지는 회로를 말한다.

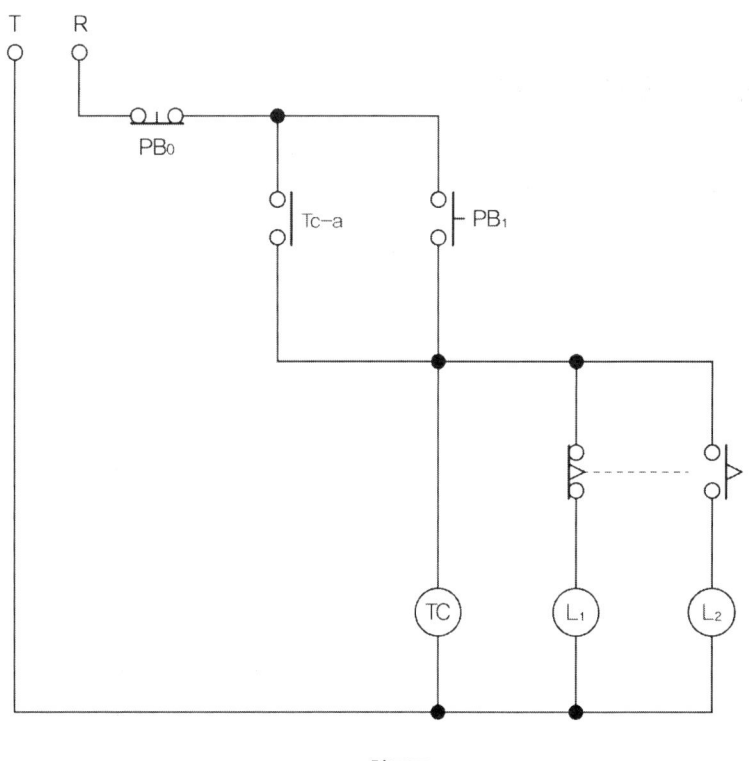

▲ 회로도

제 I 편 작업형

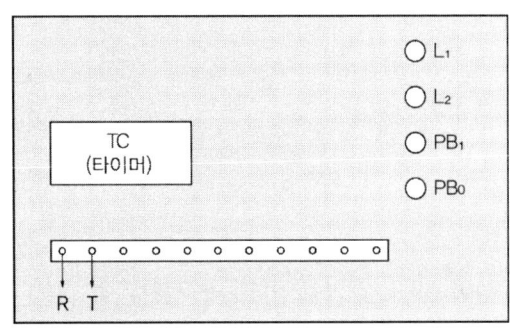

▲ 배치도

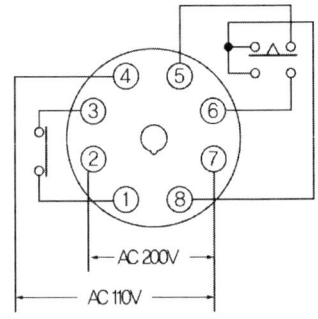

▲ 타이머 내부 결선도

- PB_1을 누르면 TC가 여자되고 동시에 L_1이 점등된다. 수초 후(설정시간이 되면) 타이머 한시 b 접점은 떨어지고 a 접점은 붙어, L_1은 소등되고, L_2는 점등된다.

- 타이머에 의한 동작 상태에서 PB_0을 누르면 TC가 소자되므로, 모든 동작은 초기의 상태가 되어 동작되는 것은 없다.

5) 후리커 릴레이 회로

후리커 릴레이 코일이 여자되면 설정시간에 따라 접점의 이동이 빠르게 혹은 느리게 연속적으로 이루어지는 회로이다.

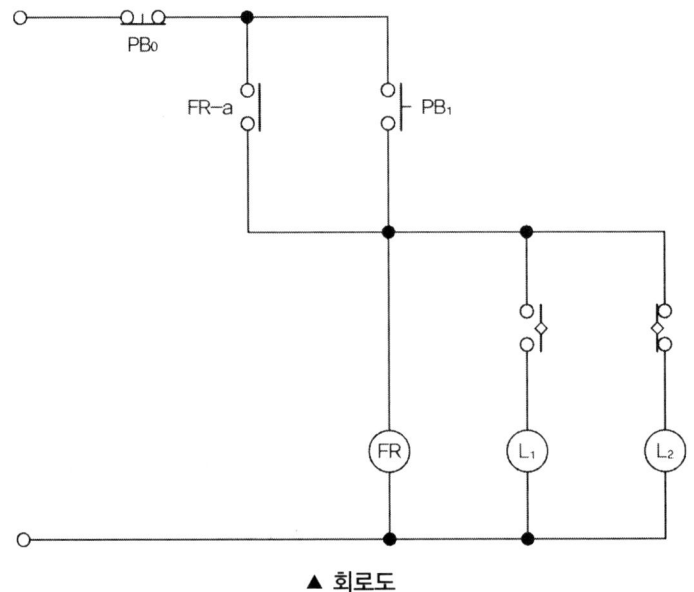

▲ 회로도

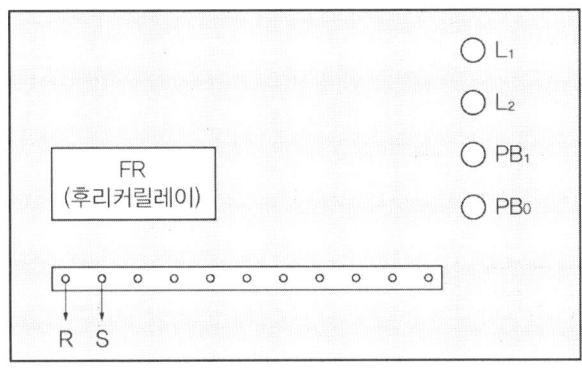
▲ 배치도

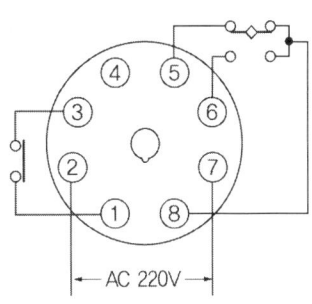
▲ 후리커 릴레이 내부 결선도

동작사항

- PB_1을 누르면 FR이 여자되어 FR-a가 붙으므로 자기유지회로가 형성된다. 따라서 PB_1에서 손을 떼어도 L_1, L_2는 교대로 점등, 소등을 반복한다.
- PB_0를 누르면 FR이 소자되어 초기의 상태가 되므로 동작되는 것도 없다.

6) 3상 유도 전동기 정역회로

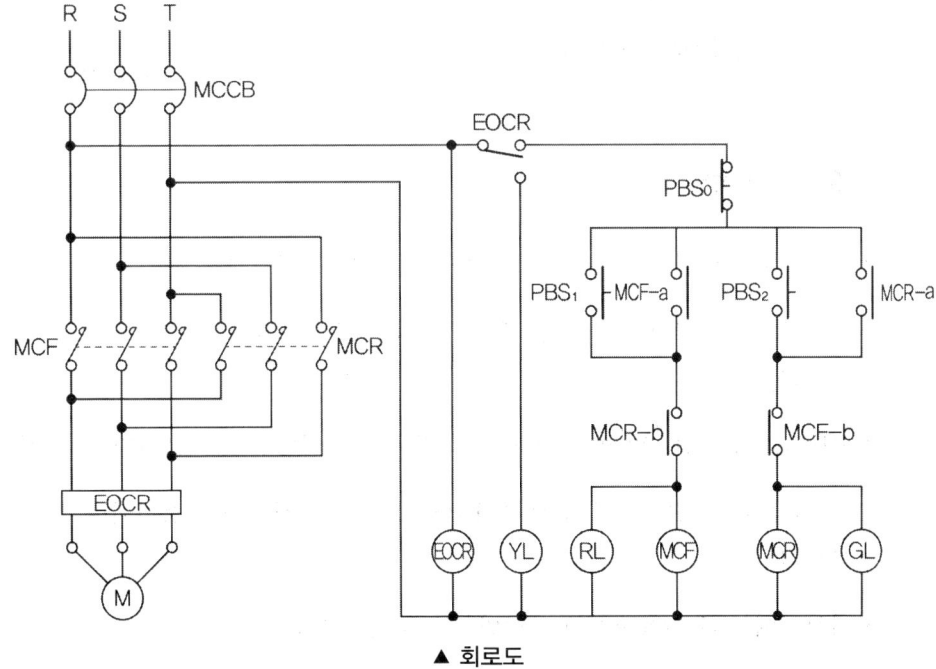
▲ 회로도

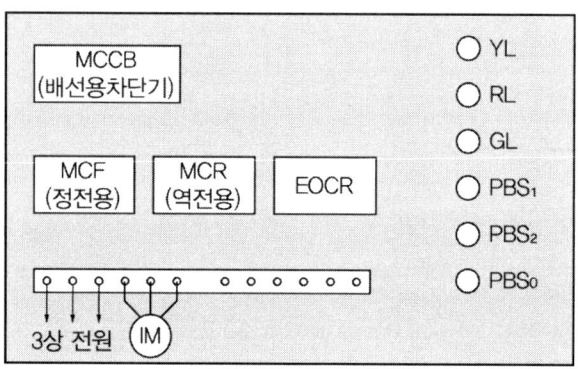

▲ 배치도

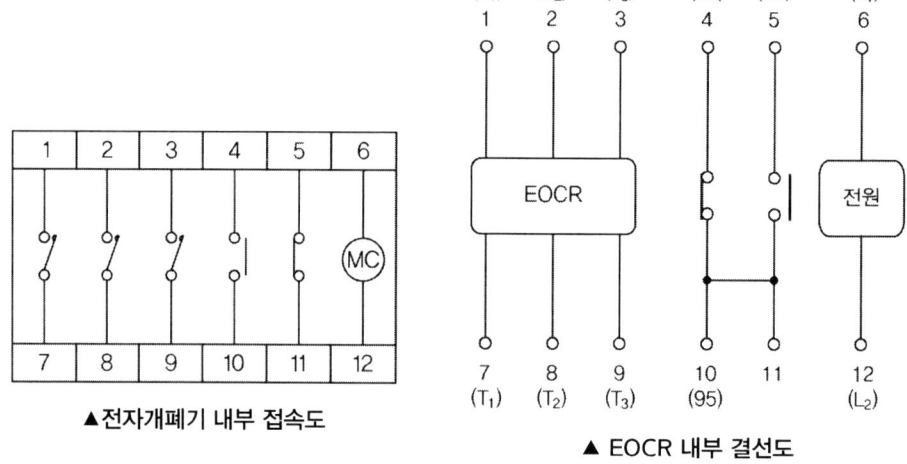

▲ 전자개폐기 내부 접속도　　▲ EOCR 내부 결선도

동작사항

- PBS_1을 누르면 MCF가 여자되어 전동기는 정방향으로 운전되고, 동시에 RL도 점등된다. (전동기가 운전 중 PBS_0를 누르면 전동기는 정지되며 RL 역시 소등된다.)

- PBS_2을 누르면 MCR이 여자되어 전동기는 역방향으로 운전되고, 동시에 GL도 점등된다. (전동기가 운전 중 PBS_0를 누르면 전동기는 정지되며 GL 역시 소등된다.

- 과부하에 의해 EOCR이 동작되면 YL이 점등된다.

7) Y-△ 기동회로

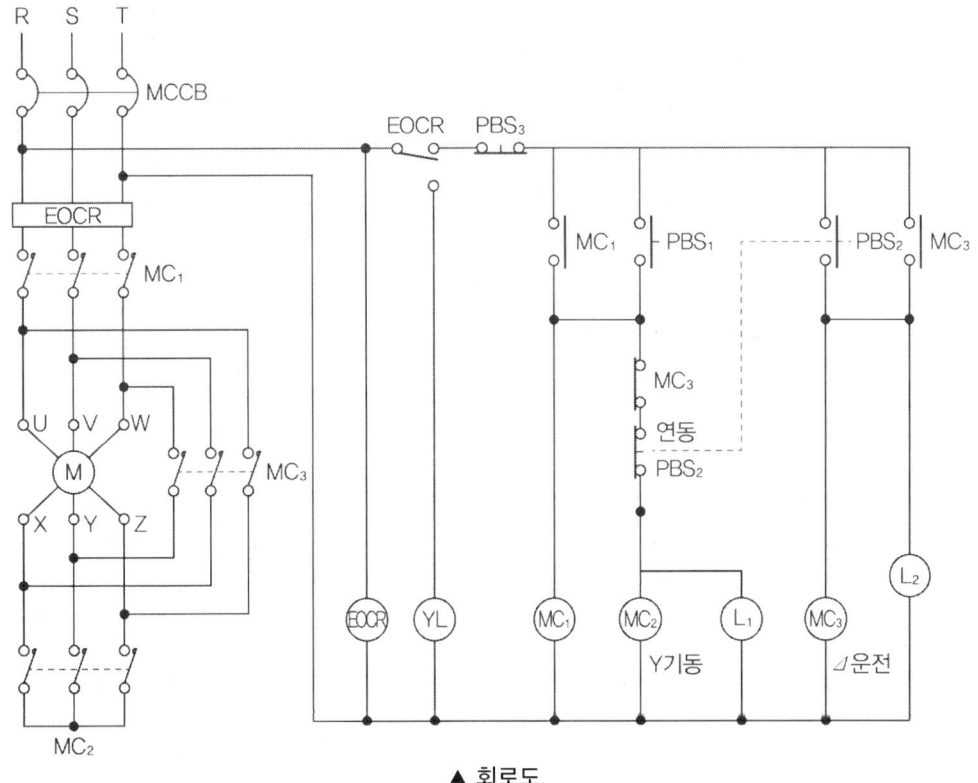

▲ 회로도

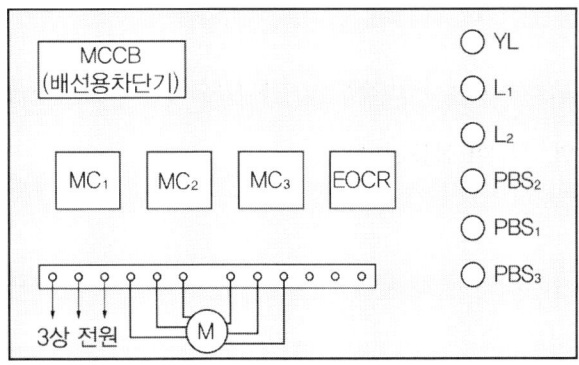

▲ 배치도

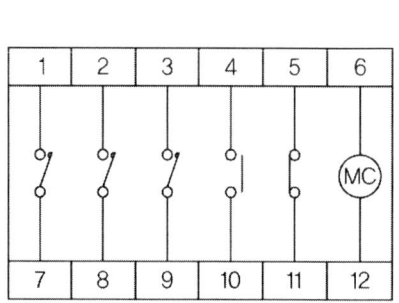

▲ 전자개폐기 내부 접속도

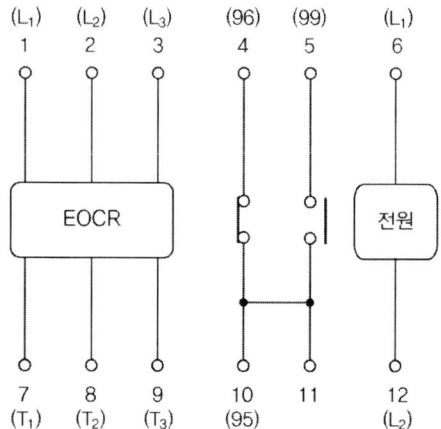

▲ EOCR 내부 결선도

동작사항

- PBS_1을 누르면 MC_1과 MC_2가 여자되어 전동기는 Y결선에 의해 운전되며, 동시에 L_1이 점등된다. (전동기가 운전 중 PB_3를 누르면 MC_1, MC_2가 소자되어 전동기는 정지되며, L_1 역시 소등된다. 더불어 EOCR이 작동되면 YL이 점등된다.)

- 전동기가 Y결선에 의해 운전되고 있고 L_1이 점등된 상태에서, PBS_2를 누르면 MC_2는 소자되고 동시에 L_1 역시 소등된다. 그러나 MC_3가 여자되어 전동기는 △ 결선에 의해 운전되고 L_2가 점등된다. (전동기가 운전 중 PB_3를 누르면 MC_1, MC_3가 소자되어 전동기는 정지되며, L_2 역시 소등된다. 더불어 EOCR이 작동되면 YL이 점등된다.)

제3장 시퀀스 회로 실습

1 실습 공구 및 재료 준비하기

1) 실습 공구 준비
- +자 드라이버
- 니퍼
- 펜찌
- 롱로즈
- 스트리퍼
- 핀 압착기
- 바 자석(∅3×10mm)
- 전동 드라이버
- 벨 테스터

2) 실습재료
- 동선(주회로용 2.5mm^2, 보조회로용 1.5mm^2)
- Y-단자(2.5mm^2), 튜브
- 단자대(3 PIN)
- 푸시 버튼(NC/NO)
- Receptacle 전구(YL, GL, RL, WL, OL)
- 부져
- BASE 12 PIN, 8 PIN
- EOCR(12 PIN)
- 전자접촉기 MC(12 PIN)
- 타이머(8 PIN)
- 플리커(8 PIN)
- 피스(나사못)

제 I 편 작업형

2 회로 결선 Tips와 Rule

1) 회로 결선 Tips

- 공통 접점은 위에 배치
- 전원 접점 : EOCR, MC 12PIN의 전원 PIN 번호(6, 12), 타이머/플리커/릴레이 8PIN의 전원 PIN 번호(2, 7)
- EOCR 접점 PIN 번호 : a 접점(10, 5), b 접점(10, 4)
- 타이머/플리커/릴레이의 PIN 번호 : a 접점(8, 6), b 접점(8, 5)
- 동작 램프는 나의 a 접점, 정지 램프는 나의 b 접점을 사용한다.
- 정지 버튼은 직렬로 PB0에 배치한다.
- 자기유지회로는 전원으로 사용된 계전기의 순시 a 접점을 사용한다.
- 접점을 이용하지 않고 점등시키려면 나의 전원에 병렬 램프를 결선한다.

2) 회로 결선순서

▶ 순서 1. 주회로 → 보조회로 순으로 결선한다.

▶ 순서 2. 좌 → 우, 위 → 아래 순으로 결선한다.

▶ 순서 3. 주회로 배선은 시계 반대 방향, 보조 회로는 시계 방향으로 결선한다. (고압과 저압 간의 고조파 간섭 상쇄 효과가 있어 회로의 오동작 방지할 수 있음)

▶ 순서 4. 회로도에 결선작업 할 계전기 PIN+선에 형광펜으로 먼저 마킹한 후 결선하는 순으로 반복 결선한다.

▶ 순서 5. 램프, BZ, PB 간에 결선을 먼저 한다. (가장 근거리에 위치함)

▶ 순서 6. 최하단에 동력선(T상 PIN 3)부터 계전기별로 결선한다. (EOCR → FR → BZ → MC 순으로)

▶ 순서 7. 이제부터는 R상 결선은 좌 → 우, 위 → 아래로 계전기별로 회로도 순서에 따라 결선한다. (EOCR → FR → MC → PB → MC 순으로)

▶ 순서 8. 결선도에 따라 육안검사 실시한다. (계전기별 미결선 PIN 번호 확인, 표시 램프, BZ Control Box에 배선 가닥수, PB Control Box에 배선 가닥수)

▶ 순서 9. 벨 테스터로 회로를 체크한다.

▶ 순서 10. 동작시험을 위하여 전원 투입 후 정상 동작되는지 확인한다.

3) 결선 작업 검사 Tips

- ▶ Rule 1. 동력선(주회로)은 연선 $2.5mm^2$, 보조회로는 단선 $1.5mm^2$를 사용한다.
- ▶ Rule 2. 주회로 Y-터미널 사용한다. (2선 체결 시 Y-터미널 2개가 마주보게 체결하면 체결이 원활함)
- ▶ Rule 3. 탈피는 단선은 10mm, 연선은 5mm(탈피 시 동선에 상처를 입히지 않도록 할 것)
- ▶ Rule 4. 단자에 배선은 최대 2가닥 이상은 금한다.
- ▶ Rule 5. 계전기 사이에는 배선하지 않는다.
- ▶ Rule 6. 보조회로에 전원은 EOCR 입력단에서 인출한다.
- ▶ Rule 7. 동력선은 별도로 정해진 색(color)는 없으며 주어진 재료로 결선한다.
- ▶ Rule 8. 주회로와 보조회로는 반대 방향으로 배선해야 외란을 줄일 수 있다.
- ▶ Rule 9. 제공된 합판에 제공된 계전기를 균등하게 보기 좋게 배치한다.
- ▶ Rule 10. 단자대, 컨트롤 박스는 작업대 마지막 면에서 2~3cm 일정한 여유 간격을 두고 설치한다.
- ▶ Rule 11. 배선은 단자대, 컨트롤 박스와 내부 베이트와의 중간에 배선하며, 밑에는 주회로, 위에는 보조회로 선을 적층 구조로 한다.
- ▶ Rule 12. PB, 컨트롤 박스에 배선은 내부 쪽으로 입·출 선를 같이 배선한다.
- ▶ Rule 13. RST 단자와 EOCR, MC의 나사(피스) 체결부와 수직으로 맞춘다.

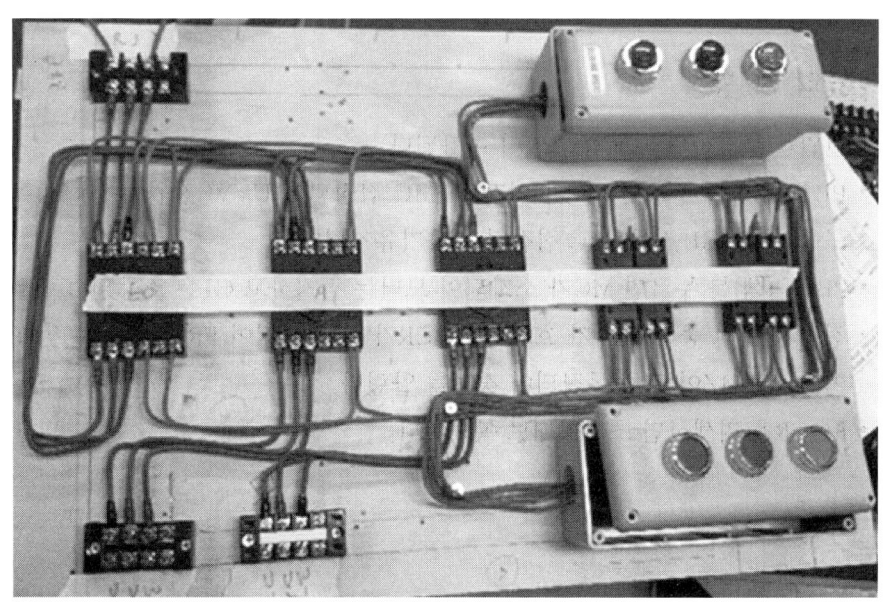

제4장 시퀀스 회로 연습문제

1 직입 기동 방식

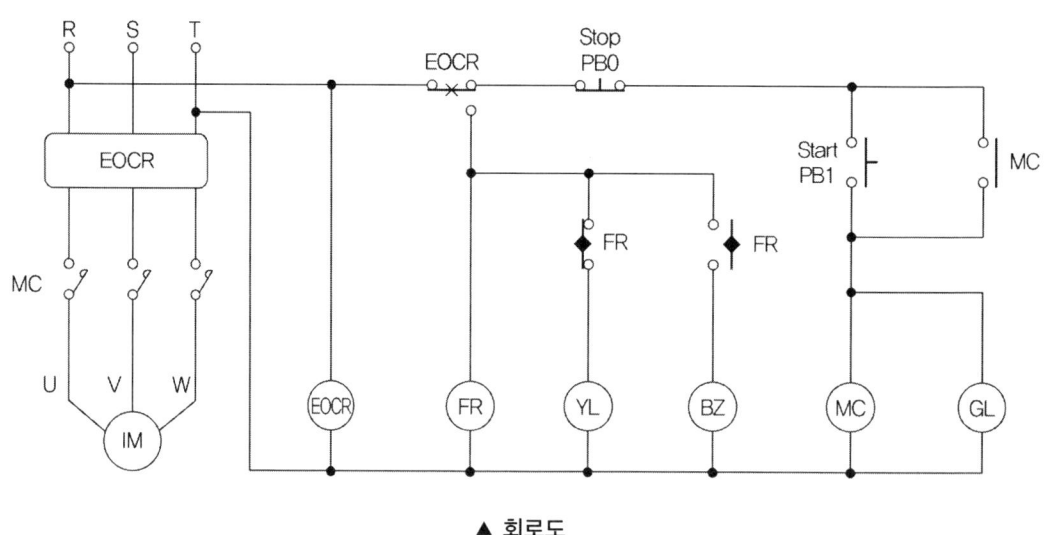

▲ 회로도

동작사항

- 전원을 투입하면 EOCR 코일이 여자된다.
- PB1(적색)을 누르면 MC가 여자 → MC 접점되어 UVW 전원이 공급되어 모터가 구동된다. (GL 점등, MC 접점되어 자기유지된다.)
- PB0(녹색)를 누르면 MC가 소자되어 모터는 정지하고 GL는 소등된다.
- 전동기 운전 중 과전류가 흐르면 EOCR가 a 접점되어 FR이 여자되고 FR이 깜박이며 YL/BZ이 교차 동작되어 경보를 알린다.
- EOCR을 리셋하면 초기상태로 복귀한다.

2 정역회로 기동 방식

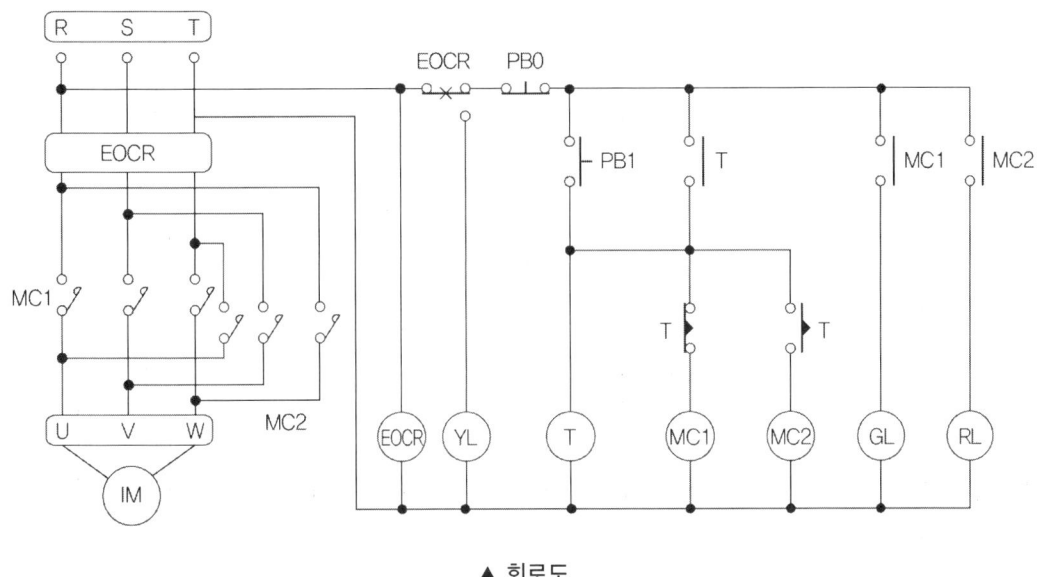

▲ 회로도

동작사항

- 전원을 투입하면 EOCR이 여자된다.
- PB1(적)을 누르면 타이머 T와 MC1여자 → 전동기는 정회전 → GL 점등된다.
  (T 접점에 의해 자기유지, 한시접점 T는 시간이 카운트 된다.)
- 타이머 접점은 설정시간 t초 후 T-b off, T-a on 되어→ MC1 소자, MC2가 여자
  → 전동기 역회전, GL 소등, RL 점등된다.
- PB0(녹) 누르면 모든 동작이 정지한다.
- 전동기 운전 중 과부하 시 EOCR 동작 → YL 점등한다.

3 Y-△ 운전 제어 회로

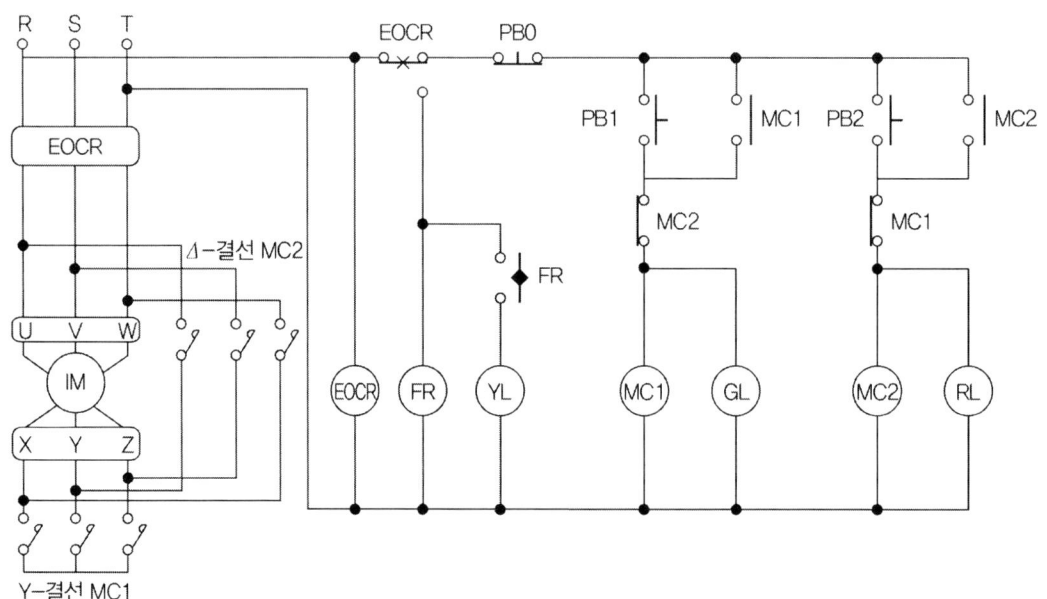

▲ 회로도

동작사항

- 전원을 투입하면 EOCR이 여자된다.
- PB1을 누르면 MC1 여자 → MC1 접점 ON, Y-결선 MC1 컨텍트되어 전동기는 기동한다. (GL 점등, MC1 접점으로 자기유지)
- PB0 누르면 모든 동작이 정지한다.
- PB2을 누르면 MC2 여자 → MC2 접점 ON, △-결선으로 MC2 컨텍트되어 전동기는 운전한다. (RL 점등, MC2 접점으로 자기유지)
- MC1과 MC2는 MC1-b, MC2-b 접점에 의해 상호 인터록되어 있어 안전하게 운전된다.
- 전동기 운전 중 과부하 시 EOCR 동작 → 전동기 정지 → FR이 여자된다.
- FR 접점에 의해 YL 램프가 점멸한다.
- EOCR 리셋하면 초기상태로 복귀한다.

4 순차 제어

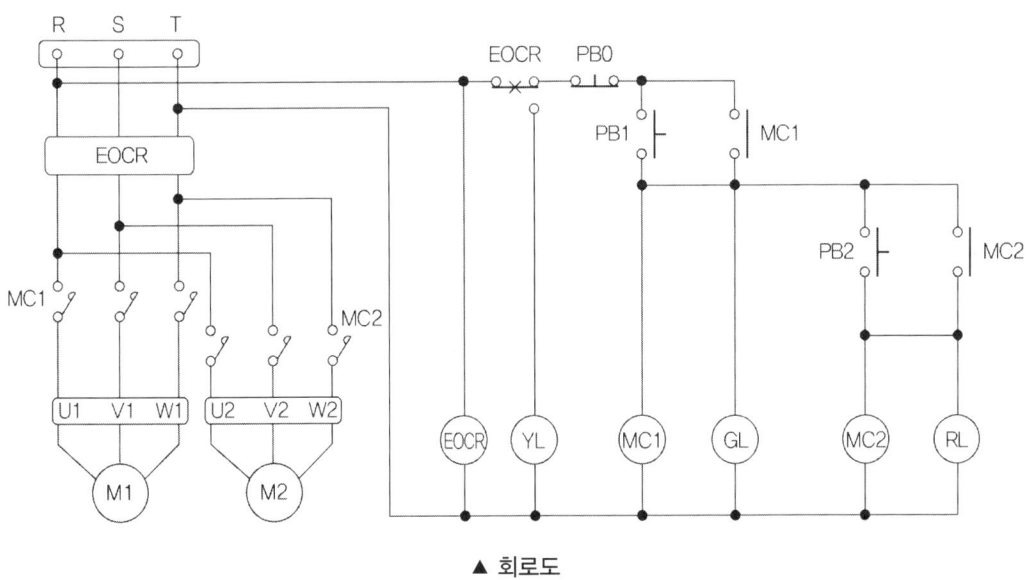

▲ 회로도

동작사항

- 전원을 투입하면 EOCR이 여자된다.
- PB1(적)을 누르면 타이머 MC1이 여자 → MC1이 컨텍트되어 전동기 M1이 회전 운전 → GL 점등된다. (MC1-a 접점에 의해 자기유지)
- MC1이 운전되고 있을 때 PB2(적)을 누르면 타이머 MC2이 여자 → MC2이 컨텍트되어 전동기 M2이 순차제어 회전운전 → RL 점등된다. (MC1-a 접점에 의해 자기유지 지속)
- PB0(녹) 누르면 모든 동작이 초기화된다.
- 전동기 운전 중 과부하 시 EOCR 동작 → YL 점등한다.

5 단독 제어

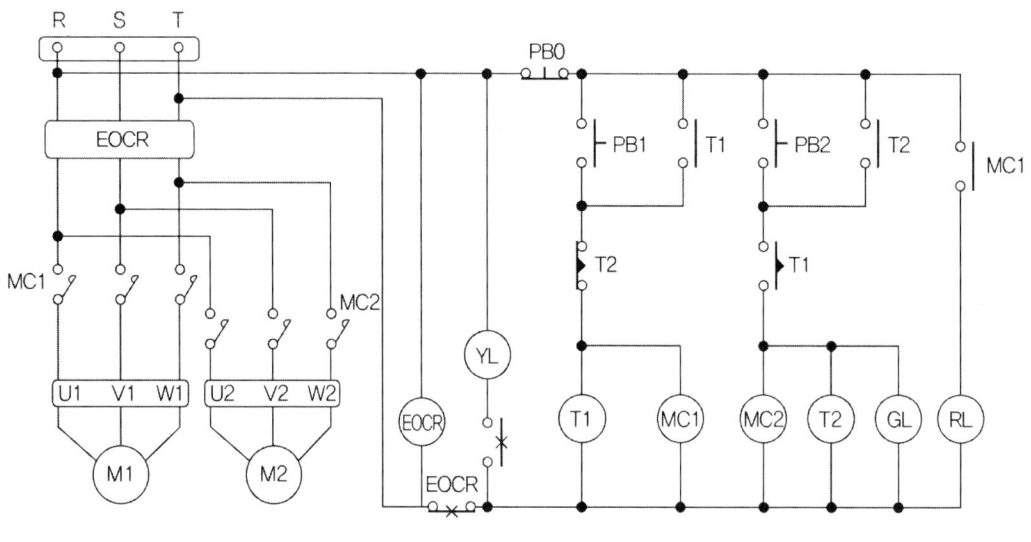

▲ 회로도

동작사항

- 전원을 투입하면 EOCR이 여자된다.
- PB1(적)을 누르면 타이머 T1 & MC1이 여자 → MC1이 컨텍트되어 전동기 M1이 회전운전 → MC1 접점되어 RL 점등, T1 접점에 의해 자기유지 → T1 타이머는 설정 시간 카운트되어 t초 후에 타이머 T1 한시접점은 ON 되어 대기한다.
- PB2(적)을 누르면 타이머 T2 & MC2이 여자 → GL 점등, MC2이 컨텍트되어 전동기 M2가 회전운전 → MC2 접점되어 GL 점등, T2 접점에 의해 자기유지 → T2 타이머는 설정 시간 카운트되어 t초 후에 타이머 T2 한시접점은 OFF 되어 모터 M1 정지, M2 정지(MC1, T1, MC2, T2 소자된다.)
- 전동기 운전 시 PB0(녹) 누르면 모든 동작이 초기화된다.
- 전동기 운전 중 과부하 시 EOCR 동작 → YL 점등한다.

필답형

제1장 승강기의 실무
제2장 논리회로 및 불대수

승강기의 실무

1 전기식(로프식) 엘리베이터

1) 속도에 의한 분류
- 저속 엘리베이터 : 0.75m/s 이하로 아파트 및 소형 빌딩에 사용
- 중속 엘리베이터 : 1~4m/s로 병원 및 중형 빌딩에 사용
- 고속 엘리베이터 : 4~6m/s로 대형빌딩 및 대형 백화점에 사용
- 초고속 엘리베이터 : 6m/s 이상으로 초고층 빌딩에 사용

2) 엘리베이터의 운전방식
① 운전원 방식
- 카 스위치(car switch) 방식 : 기동 및 정지가 운전원의 조작에 의해 이루어진다.
- 시그널 컨트롤(signal control) 방식 : 카의 진행 방향 결정이나 정지 층의 결정은 눌러진 카 내의 운전반 버튼 또는 승강장 버튼에 의해 이루어진다. 운전원은 카의 문 개·폐만 한다.
- 레코드 컨트롤(record control) 방식 : 운전원이 승객의 목적 층과 승강장의 호출신호를 보고, 조작반 목적 층의 버튼을 누르면 순서적으로 정지하는 방식

② 전자동식(무운전원 방식)
- 단식 자동 방식(single automatic type) : 승강장 버튼은 오름과 내림 공용이나, 먼저 눌러진 호출에만 응답하고, 운행 중에는 다른 호출에는 응답하지 않는다.
- 하강 승합 자동식(down collective automatic type) : 2층 이상의 승강장에는 내림 방향의 버튼 밖에 없다. 중간층에서 위 방향으로 올라갈 때에는 1층까지 내려와서 카 버튼으로 목적 층을 등록시켜 올라가야 한다.

- 승합 전자동식(乘合全自動式) : 승객 자신이 운전하며 승강장의 누름 버튼은 상·하 2개가 있고 동시에 기억시킬 수 있다. 카 진행 방향의 누름 버튼과 승강장의 누름 버튼에 응답하면서 오르고 내린다. 현재 사용하고 있는 방식이다.

③ 복수 엘리베이터의 조작방식
- 군승합 자동식(郡乘合自動式) : 2~3대의 엘리베이터를 연계시킨 후, 어떤 호출에 대해 먼저 응답한 카만 움직이고, 나머지는 응답하지 않으며, 부름이 없을 때는 다음 부름에 분산 대기하여 효율적인 이용을 도모하는 방식
- 군관리 방식(郡管理方式) : 3~8대의 엘리베이터를 연계, 집단으로 묶어 교통수요 변동에 따라 합리적으로 운행, 관리하는 방식
- 각 엘리베이터의 층 표시기를 보고 찾기가 어렵고, 승객의 의도와 다를 수 있어, 층 표시기를 부착하지 않고 사용가능한 엘리베이터를 홀 랜턴으로 표시하여 승객의 탑승준비를 도와준다.

※ 군관리 방식의 장점

① 인건비가 절약된다.
② 엘리베이터의 사용 수명이 길어진다.
③ 대기 시간이 항상 비슷하다.
④ 승객의 대기 시간이 단축된다.

3) 권동식 권상기의 단점
① 과하게 감는 위험이 있다.
② 승강행정이 달라질 때마다 다른 권동이 필요하다. 특히 높은 행정은 곤란하다.
③ 균형추를 쓰지 않으므로 감아올리는 중력이 커지고 소비전력이 크다.

4) 웜 기어와 헬리컬 기어의 비교

구분 \ 방식	헬리컬 기어	웜 기어
효율	높다.	낮다.
소음	작다.	크다.
역구동	크다.	작다.
최대적용속도	120~240m/min	105m/min 이하

5) 엘리베이터 전동기가 구비하여야할 조건
① 기동빈도가 매우 높아(1시간에 180~300회 운행) 발열량을 고려해야 한다.
② 기동 전류가 작아야 한다.
③ 회전속도의 오차는 +5~-10% 범위 이내이어야 한다.
④ 전동기의 최소 필요 회전력은 +100~-70% 이상이어야 한다.

6) 엘리베이터용 전동기의 용량

$$P = \frac{QVS}{6120\eta}[\text{kw}]$$

여기서, Q : 정격 적재량(kg)　　　　V : 정격속도
　　　　S : 1-A(A:오버밸런스율)　　η : 종합효율
※ 균형추 용량=케이지 자체하중+MA

7) 브레이크(제동기)
① 구조

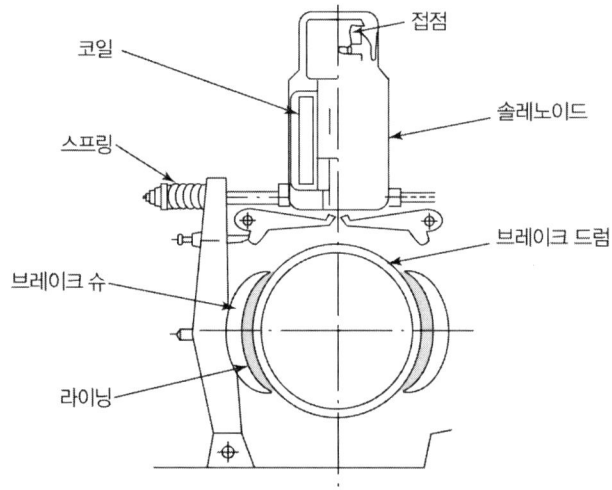

② 능력 및 설치조건
- 카가 정속도로 정격하중의 125%를 싣고 하강 방향으로 운행될 때 구동기를 정지시킬 수 있어야 한다.
- 드럼 또는 디스크 제동 작용에 관여하는 브레이크의 모든 기계적 부품은 최소한 2세트로 설치되어야 한다.

③ 제동시간(t)

$$t = \frac{120d}{V}(\text{s})$$

여기서, V : 엘리베이터의 속도(m/min)
d : 제동 후 이동거리(m)

8) 매다는 장치(와이어로프)

① 주로프

㉠ 철제 또는 강철제 2본 이상의 와이어로프를 사용하여야 하며, 공칭직경은 8mm 이상되어야 한다. 또한 도르래 직경은 주로프 직경의 40배 이상이어야 한다.

㉡ 로프의 안전율은 2본 이상은 16 이상, 3본 이상은 12 이상이어야 한다.

㉢ 밧줄의 보통 꼬임은 스트랜드(다수의 소선을 꼬아 합친 것)의 꼬임 방향과 로프의 꼬임 방향이 반대로 된 것이고, 랭 꼬임은 그 방향이 동일한 것이다.

㉣ 심강은 마닐라삼 등 천연섬유나 합성섬유를 꼬아 로프 모양으로 만들고 구리스를 함유시켜, 소선의 방청효과와 로프의 굴곡 시 소선끼리 미끄러지는 윤활 작용도 한다.

㉤ 엘리베이터에는 보통 Z 꼬임이 사용된다.

㉥ 소선의 강도

- E종 : 엘리베이터용으로 제조 되었다. 파단 강도는 1,320N/mm^2(135kgf/mm^2)급이다.
- A종 : 초고층용 엘리베이터 및 로프의 본수를 적게하는 경우에 사용되며, 강도는 1,620N/mm^2(165kgf/mm^2)급이다.
- G종 : 소선의 표면에 아연도금을 한 것으로서 녹이 나지 않으므로 습기가 많은 장소에 적합하다. 강도는 1,470N/mm^2(150kgf/mm^2)급이다.
- B종 : 강도, 경도가 높아 사용하지 않는다. 파단강도는 1,770N/mm^2(180kgf/mm^2)급이다.

㉦ 로프의 기준 및 마모·파손상태

기준	마모 및 파손상태
1구성 꼬임(스트랜드)의 1꼬임 피치내에서 파단 수 4 이하	소선의 파단이 균등하게 분포되어 있는 경우
1구성 꼬임(스트랜드)의 1꼬임 피치내에서 파단 수 2 이하	파단 소선의 단면적이 원래의 소선 단면적의 70% 이하로 되어 있는 경우 또는 녹이 심한 경우

기준	마모 및 파손상태
소선의 파단 총수가 1꼬임 피치 내에서 6꼬임 와이어로프이면 12 이하, 8꼬임 와이어로프이면 16 이하	소선의 파단이 1개소 또는 특정의 꼬임에 집중되어 있는 경우
마모되지 않은 부분의 와이어로프 직경의 90% 이상	마모 부분의 와이어로프의 지름

② 과속조절기의 안전기준
  ㉠ 추락방지안전장치의 작동과 일치하는 회전 방향 표시
  ㉡ 로프의 공칭지름 : 6mm 이상
  ㉢ 도르래의 피치 지름의 로프 공칭지름 : 30배 이상
  ㉣ 매다는 장치의 파손에 의한 작동
  ㉤ 추락방지안전장치의 작동을 위해 가해지는 인장력은 다음의 두 값 중 큰 값 이상
    • 추락방지안전장치가 작동되는데 필요한 값의 2배
    • 300N
  ㉥ 로프의 최소 파단 하중은 권상 형식 과속조절기의 마찰 계수 $\mu_{max}0.2$를 고려하여 과속조절기가 작동될 때 로프에 발생하는 인장력에 8 이상의 안전율
  ㉦ 도르래의 직경과의 로프의 공칭직경 사이의 비 : 30배 이상
  ㉧ 로프는 인장 풀리에 의해 인장되며 이 풀리는 안내되어야 한다.

9) 트랙션식(Traction type) 권상기의 특징
  ① 균형추를 사용하므로 소요동력이 작다.
  ② 도르래를 사용하므로 승강행정에 제한이 없다.
  ③ 로프를 마찰로써 구동하므로 지나치게 감길 위험이 없다.
  ※ 트랙션(마찰비)식 권상기는 로프의 미끄러짐과 로프 및 도르래의 마모가 발생하기 쉬운 단점이 있다.

10) 트랙션(Traction) 능력
  카 측과 균형추 측의 장력비가 일정 한도를 초과하면 로프에 미끄러짐이 발생하는데, 미끄러짐이 발생하는 한계의 장력비 값을 말한다.

$$a = e^{\mu\theta}$$

여기서, a : 트랙션 ≥ 1
　　　　e : 자연대수의 값(=2.7183)
　　　　μ : 도르래 홈과 로프사이의 마찰계수
　　　　θ : 권부각

11) 로프의 미끄러짐이 쉽게 발생하는 경우

① 로프의 권부각이 작을수록 미끄러지기 쉽다.
② 카의 가속도와 감속도가 클수록 미끄러지기 쉽다.
③ 카 측과 균형추 측의 로프에 걸리는 장력비가 클수록 미끄러지기 쉽다.
④ 로프와 도르래 간의 마찰계수가 작을수록 미끄러지기 쉽다.

12) 도르래(sheave) 홈의 마찰계수

U 홈 〈 언더컷 홈 〈 V 홈

13) 로프의 안전율(S_r)

$$S_r = \frac{k \cdot N \cdot P_r}{P + Q + \dfrac{W_r}{k}}$$

여기서, k : 로핑계수(1 : 1일 때 $k=1$, 2 : 1일 때 $k=2$)
　　　　N : 로프본 수
　　　　P_r : 로프파단강도(kg)
　　　　P : 카 자중
　　　　Q : 적재하중(kg)
　　　　W_r : 로프총중량

$$※ \text{로프총중량} = \frac{\text{로프단위중량} \times \text{행정거리} \times \text{본수}}{k}$$

14) 로핑(roping)

① 승용 엘리베이터는 1:1, 2:1 로핑 방식을 사용한다.
② 3:1, 4:1, 6:1 로핑 방식의 엘리베이터는 대용량의 저속화물용 엘리베이터에 사용된다. 단점으로는 로프의 길이가 매우 길어지며, 로프의 수명이 짧아지고, 종합효율이 저하된다.
③ 중·저속 엘리베이터는 싱글 랩 방식이, 고속에는 더블 랩 방식이 사용된다.

15) 주행안내 레일(Guide rail)

차체와 균형추의 승강로 평면내의 위치를 규제하고, 차체의 자중이나 하중이 반드시 차체의 중심에 없기 때문에 기울어짐을 막아 준다. 그리고 정지장치가 작동했을 때 수직하중을 유지하기 위해 가이드 레일을 설치한다.

① 규격
 ㉠ 레일 호칭은 마무리 가공 전 소재의 1m당 중량으로 한다.
 ㉡ 보통 T형 레일을 사용하는데 공칭은 8K, 13K, 18K, 24K이나, 대용량 엘리베이터에서는 37K, 50K 등도 사용된다.
 ㉢ 레일의 표준길이는 5m이다.
 ㉣ 가이드 레일의 허용응력은 2400kg/cm²이다.

② 레일을 결정하는 3가지 요소
 ㉠ 안전장치가 작동했을 때 좌굴하지 않는지에 대한 점검
 ㉡ 지진 발생 시 레일의 휘어짐이 한도를 넘거나, 레일의 응력이 탄성한계를 넘으면 카 또는 균형추가 레일에서 벗어나지 않는지에 대한 점검
 ㉢ 불균형한 큰 하중을 적재 시 또는 그 하중을 올리고 내릴 때 카에 큰 회전 모멘트가 걸리는데, 레일이 지탱할 수 있는지에 대한 점검

③ 레일의 응력과 휨의 계산
 (카용 가이드 레일의 계산식)
 ㉠ 종단면 축에 직각으로 작용하는 수평력
  • 굽힘응력 $\sigma_m = \dfrac{M_m}{W}$
  • 굽힘모멘트 $M_m = \dfrac{3F_h l}{16}$

여기서, σ_m : 굽힘응력(N/mm²)

M_m : 굽힘모멘트(N·mm)

W : 단면계수(mm³)

F_h : 서로 다른 부하 조건에서 가이드 슈에 의해 주행안내 레일에 작용하는 힘(N)

l : 가이드 브래킷 사이의 최대 거리(mm)

ⓒ 처짐

- y축 처짐 $\delta_y = 0.7\dfrac{F_y l^3}{48EI_x} + \delta_{str-y} \leq \delta_{perm}$

- x축 처짐 $\delta_x = 0.7\dfrac{F_x l^3}{48EI_y} + \delta_{str-x} \leq \delta_{perm}$

여기서, δ_{perm} : 최대 허용 처짐(mm)

δ_x : X-축의 처짐(mm)

δ_y : Y-축의 처짐(mm)

F_x : X-축의 지지력(N)

F_y : Y-축의 지지력(N)

l : 가이드 브래킷 사이의 최대거리(mm)

E : 탄성계수(N/mm²)

I_x : X-축의 단면 2차모멘트(mm⁴)

I_y : Y-축의 단면 2차모멘트(mm⁴)

δ_{str-x} : X-축에서의 건물구조 처짐(mm)

δ_{str-y} : Y-축에서의 건물구조 처짐(mm)

16) 마찰비(traction ratio)

카 측 로프에 매달려 있는 중량과 균형추 측 로프에 매달려 있는 중량의 비로서 1보다 크다 (>1)

$$\text{트랙션비} = \frac{\text{케이지 측 중량}}{\text{균형추 측 중량}} \ \text{또는} \ \frac{\text{균형추 측 중량}}{\text{케이지 측 중량}} > 1$$

① 보상로프가 없는 상태에서 트랙션비
  ㉠ 전부하가 실린 카를 최하층에서 기동시킬 때
    • 카 측 하중=카 자중(P)+정격하중(L)+주로프 중량
    • 균형추 측 하중=카 자중(P)+(적재하중(L)×오버밸런스율(F))
  ㉡ 빈 카가 최상층에서 하강할 때의 트랙션비
    • 카 측 하중=카 자중(P)
    • 균형추 측 하중=균형추 중량+주로프 하중=카 자중(P)+(L×F)+주로프 하중

② 보상로프가 있는 상태에서 트랙션비
  ㉠ 전부하가 실린 카를 최하층에서 기동시킬 때
    • 카 측 하중=카 자중(P)+정격하중(L)+주로프 중량
    • 균형추 측 하중= 카 자중(P)+{적재하중(L)×오버밸런스율(F)}+보상로프 하중
  ㉡ 빈 카가 최상층에서 하강할 때의 트랙션비
    • 카 측 하중=카 자중(P)+보상로프 중량
    • 균형추 측 하중=균형추 중량+주로프 하중=카 자중(P)+(L×F)+주로프 하중

17) 추락방지안전장치(Safety Gear)

카의 속도가 규정속도 이상으로 하강하는 경우에 대비하여 추락방지안전장치를 설치한다. 이 장치는 전기 엘리베이터 또는 간접적 유압 엘리베이터에서는 카 측에 설치해야 한다. 그런데 승강로 피트 하부가 사무실이나 통로로 사용되어, 사람이 출입하는 곳이면 균형추에도 설치해야 한다.

① 추락방지안전장치의 종류
  ㉠ 점진적 작동형 추락방지안전장치 : 중·고속 엘리베이터(1m/s 초과)에 적용된다.
    • F·G·C(flexible guide clamp)형 : 레일을 죄는 힘이 동작에서 정지까지 일정하다. 이 방식은 구조가 간단하고, 복구가 쉬워 널리 사용되고 있다.
    • F·W·C(flexible wedge clamp)형 : 레일을 죄는 힘이 동작 초기에는 약하나 점점 강해진 후 일정하다.
  ㉡ 즉시 작동형 추락방지안전장치
    • 롤러(roller)식 : 레일을 감싸고 있는 블록과 레일 사이에 롤러를 물려서 카를 정지시키는 구조이다.
    • 슬랙로프 세이프티(slack rope safety) : 로프에 걸리는 장력이 없어져 로

프의 처짐 현상이 생길 때 즉시 동작한다. 과속조절기를 설치할 필요가 없는 방식으로 유압식 엘리베이터에 사용된다.

[즉시 작동형]　　　　　[F·G·C 점차 작동형]　　　　　[F·W·C 점차 작동형]

▲ 정지력-제동거리 특성곡선

(동작속도)

$$V = V_0 + g \cdot t$$

여기서, V : 슬랙로프 세이프티의 동작속도(m/s)
　　　　V_0 : 정격속도(m/sec)
　　　　g : 중력가속도($9.8[m/sec^2]$)
　　　　t : 슬랙로프 세이프티의 동작시간(sec)

② 즉시 작동형 추락방지안전장치의 흡수에너지

$$K = \frac{W \cdot V^2}{2g} + W \cdot S$$

여기서, K : 추락방지안전장치의 흡수에너지(kg·m)
　　　　W : 추락방지안전장치의 적용중량(kg)
　　　　V : 적용조속기의 동작속도(m/s)
　　　　S : 추락방지안전장치의 정지거리(m)
　　　　g : 중력가속도($9.8[m/sec^2]$)

③ 점진적 추락방지안전장치의 평균 감속도

$$\beta = \frac{V}{9.8 \times T}$$

여기서, β : 평균 감속도(g)
　　　　V : 충돌속도(m/s)
　　　　T : 감속시간(sec)

④ 카의 추락방지안전장치

카의 정격속도가 1m/s를 초과하는 경우 점차 작동형이어야 한다. 다만, 다음과 같은 경우에는 그렇지 않다.
㉠ 정격속도가 1m/s를 초과하지 않는 경우 : 완충효과가 있는 즉시 작동형
㉡ 정격속도가 0.63m/s를 초과하지 않는 경우 : 즉시 작동형
※ 카에 여러 개의 추락방지안전장치가 설치된 경우에는 모두 점차 작동형이어야 한다.

⑤ 균형추 또는 평형추의 추락방지안전장치

정격속도가 1m/s를 초과하는 경우 점차 작동형이어야 한다. 다만, 정격속도가 1m/s 이하인 경우에는 즉시 작동형으로 할 수 있다.

⑥ 추락방지안전장치 감속도

점차 작동형 추락방지안전장치의 경우 정격하중의 카가 자유 낙하할 때 작동하는 평균 감속도는 $0.2g_n$과 $1g_n$ 사이에 있어야 한다.

⑦ 추락방지안전장치 작동 시 카 바닥의 기울기

카 추락방지안전장치가 작동될 때, 부하가 없거나 부하가 균일하게 분포된 카의 바닥은 정상적인 위치에서 5%를 초과하여 기울어지지 않아야 한다.

18) 과속조절기(조속기)의 동작

① 카 추락방지안전장치 작동을 위한 과속조절기는 정격속도의 115% 이상이 되었을 때이며, 또한 다음과 같은 속도의 미만에서 작동되어야 한다.
- 캡티브 롤러 형을 제외한 즉시 작동형 추락방지안전장치: 0.8m/s
- 캡티브 롤러 형의 추락방지안전장치: 1m/s
- 정격속도 1m/s 이하에 사용되는 점차 작동형 추락방지안전장치: 1.5m/s
- 정격속도 1m/s 초과에 사용되는 점차 작동형 추락방지안전장치
  : $1.25 \cdot V + \dfrac{0.25}{V}$ m/s

② 과속조절기에는 추락방지안전장치의 작동과 일치하는 회전 방향 표시가 있어야 한다.

③ 조속기가 작동될 때, 조속기에 의해 생성되는 조속기 로프의 인장력은 다음 두 값 중 큰 값 이상이어야 한다.
- 최소한 추락방지안전장치가 물리는데 필요한 값의 2배
- 300N

19) 과속조절기(조속기)의 종류

① 디스크(disk) 과속조절기
원심력에 의해 작동, 저·중속에 적용된다.

② 플라이볼(fly ball) 과속조절기
원심력에 의해 작동, 고속에 적용된다.

③ 롤 세이프티(roll safety) 과속조절기
- 조속기의 시브홈과 로프와의 마찰력으로 추락방지안전장치를 작동시킨다.
- 저속용에 적용된다.

20) 완충기(Buffer)

① 에너지 축적형 완충기

㉠ 선형 특성을 갖는 완충기(스프링 완충기)
- 완충기의 가능한 총 행정은 정격속도의 115%에 상응하는 중력 정지거리의 2배($0.135v^2$[m]) 이상이어야 한다. 다만, 행정은 65mm 이상이어야 한다.
- 완충기는 카 자중과 정격하중(또는 균형추의 무게)을 더한 값의 2.5배와 4배 사이의 정하중으로 ㉠에 규정된 행정이 적용되도록 설계되어야 한다.

② 에너지 분산형 완충기(유입형 완충기)
- 완충기의 가능한 총 행정은 정격속도 115%에 상응하는 중력 정지거리 $0.0674v^2$[m] 이상이어야 한다.
- 카에 정격하중을 싣고 정격속도의 115%의 속도로 자유 낙하하여 카 완충기에 충돌할 때의 평균 감속도는 $1g_n$ 이하이어야 한다.
- $2.5g_n$을 초과하는 감속도는 0.04초보다 길지 않아야 한다.

21) 승강기 도어 시스템

① 도어 시스템의 종류
㉠ 중앙개폐(center open) : CO로 표시
㉡ 측면개폐(side open) : S로 표시
㉢ 상승개폐(up sliding) : UP로 표시
㉣ 상하개폐(up down sliding center open) : UD로 표시

② 카 문의 틈새
닫혔을 때 문 하단과 카 문턱 사이의 틈새는 4~6mm(마모 시에는 10mm까지 허용) 이하이어야 한다.

③ 카 문의 개방
카가 정지 시 문을 개방 하는 데 필요한 힘은 300N을 초과하지 않아야 하며, 정격속도 1m/s를 초과하며 운행 중인 엘리베이터 카 문은 50N 이상이 되었을 때 열려야 한다.

④ 비상 구출문
- 카 천장에 설치된 비상 구출문의 크기는 0.4m×0.5m 이상이어야 한다.
- 2대 이상의 엘리베이터가 동일 승강로에 설치된 경우, 카 벽에 설치된 비상 구출문의 크기는 폭 0.4m×높이 1.8m 이상이어야 한다.
또한 카 사이의 수평거리는 1m를 초과하지 않아야 한다.

⑤ 도어머신에 요구되는 조건
- 동작이 원활하고, 조용하여야 한다.
- 카 위에 부착시키므로 소형이고, 가벼워야 한다.
- 가격이 저렴해야 한다.

⑥ 도어의 닫힘 안전장치
- 세이프티 슈(Safety Shoe) : 카 도어의 끝단에 세이프티 슈를 설치하여 이물체가 접촉되면 도어의 닫힘을 중지하고 도어를 반전시키는 접촉식 보호장치이다.
- 광전장치(Photo Electric Device) : 광선빔을 발생시키는 투광기와 센서인 수광기로 구성되며 도어의 양단에 설치하여 광선빔이 차단될 때는 도어를 반전시키는 비접촉식 보호장치

- 초음파 장치(Ultrasonic Door Sensor) : 초음파의 감지각도를 조절하여 승강장 또는 카쪽의 이물체나 사람을 검출하여 도어를 반전시키는 비접촉식 보호장치(유모차, 휠체어 등의 보호장치)

⑦ 도어 시스템의 안전장치
- 도어 록(door lock) : 카가 정지하고 있지 않는 층계의 승강장문은 전용 열쇠를 사용하지 않으면 열리지 않도록 하는 장치
- 도어 스위치(door switch) : 문이 닫혀있지 않으면 운전이 불가능하도록 하는 장치
- 클로저(closer) : 승강장 도어가 열려있을 시 자동으로 닫히게 하는 장치
- 도어 인터록(door interlock) : 이 장치는 카가 정지하지 않는 층의 도어는 특수한 열쇠를 사용하지 않으면 열리지 않도록 하는 도어 록과 도어가 닫혀있지 않으면 운전이 불가능하도록 하는 도어 스위치로 구성된다. 도어 인터록 장치에서 중요한 것은 도어 록 장치가 확실히 걸린 후 도어 스위치가 들어가고, 도어 스위치가 끊어진 후에 도어 록이 열리는 구조로 하는 것이다.

⑧ 카 문턱과 승강장 문턱과의 수평거리(승강장 바닥과 승강기 바닥의 틈새)
35mm 이하(장애인용은 30mm 이하)이어야 한다.

⑨ 승강로 내측과 카 문턱, 카 문틀 또는 카문의 닫히는 모서리 사이의 수평거리
0.15m(150mm) 이하이어야 한다.

⑩ 카의 착상 정확도
±10mm이어야 하며, 재착상 시는 ±20mm로 유지될 것

22) 기계실

① 기계실의 종류
- 사이드머신(side machine) 타입 : 승강로 상부 측면에 설치
- 베이스 먼트(basement) 타입 : 승강로 하부 측면에 설치
- 상부형 타입 : 승강로 상부에 기계실이 있으며 권상기, 과속조절기를 설치
- MRL(기계실이 없는) 엘리베이터 : 승강로 상부에 권상기, 과속조절기를 설치

② 기계대에 가해지는 하중

$$P = P_1 + 2P_2$$

여기서, P_1 : 권상기, 기타 기계대에 고정 부착된 모든 장치의 중량(kg)
P_2 : 주로프의 중량 및 주로프에 작용하는 하중(kg)

③ 기계실의 구비요건
- 온도는 +5℃에서 +40℃ 이하이어야 한다.
- 내장은 준 불연재료 이상으로 마감되어야 한다.
- 작업구역에서 유효 높이는 2.1m 이상이어야 한다.
- 유효 공간으로 접근하는 통로의 폭은 0.5m 이상이어야 한다. 다만, 움직이는 부품이 없는 경우에는 0.4m로 줄일 수 있다.
- 구동기 회전부품 위로 0.3m 이상의 유효 수직거리가 있어야 한다.
- 바닥면의 조도는 200lx 이상이어야 한다.
- 1개 이상의 콘센트 설비가 되어 있어야 한다.
- 바닥에 0.5m 초과의 단차가 있는 경우에는, 보호난간이 있는 계단 또는 발판이 있어야 한다.
- 출입문은 폭 0.7m 이상, 높이 1.8m 이상의 금속제 문(외부로 열리는)이어야 한다.

④ 기계실에 설치 운용되는 주요설비
㉠ 권상기
㉡ 조속기
㉢ 제어반

▼ 전기설비의 절연저항

공칭 회로전압	시험전압/직류(V)	절연저항(MΩ)
SELV 및 PELV > 100VA	250	≥ 0.5
≤ 500 FELV 포함	500	≥ 1.0
> 500	1000	≥ 1.0

- SELV : 안전 초저압
- PELV : 보호 초저압
- FELV : 기능 초저압

23) 엘리베이터 제어 시스템
① 교류 엘리베이터 제어
  ㉠ 교류 1단 속도 제어 : 가장 간단한 제어 방식으로 3상 교류의 단속도 모터에 전원을 공급하는 것으로 기동과 정속운전을 하고, 정지는 전원을 차단한 후 제동기가 작동하여 기계적으로 브레이크를 거는 방식이다.
  ㉡ 교류 2단 속도 제어 : 기동과 주행은 고속권선으로, 감속과 착상은 저속권선으로 한다. 2단 속도 전동기의 속도비는 4:1이 주로 사용된다.
  ㉢ 교류 귀환 전압제어 : 카의 실속도와 지령속도를 비교하여 사이리스터(Thyristor)의 점호각(点弧角)을 바꿔 유도 전동기의 속도를 제어하는 방식이다. 이 방식은 유도 전동기의 1차 측 각상에 사이리스터(Thyristor)와 다이오드를 역병렬로 접속하여 토크를 변화시킨다. 또한 모터에 직류를 흐르도록 하여 제동 토크를 발생시킨다.
  ㉣ 가변전압 가변주파수(VVVF : Variable Voltage Variable Frequency) 제어 : 인버터 제어라고도 불리우는 VVVF 제어는 유도 전동기에 인가되는 전압과 주파수를 동시에 변환시켜, 직류 전동기와 동등한 제어 성능을 얻을 수 있는 방식이다.
  　　VVVF 제어는 고속엘리베이터에도 유도 전동기를 적용하여 보수가 용이하고, 전력회생을 통해 전력소비를 줄일 수 있게 되었다. 또한 중·저속 엘리베이터에서는 승차감 및 성능이 크게 향상되었고, 저속영역에서 손실을 줄여 소비전력을 반으로 줄였다.

② 직류 엘리베이터 제어
  ㉠ 워드 레오나드(ward leonard) 방식 : 직류 발전기의 출력단을 직접 직류 전동기 전기자에 연결시키고, 발전기의 계자 전류를 조정하여 발전전압을 엘리베이터 속도에 대응하여 연속적으로 공급시키는 방식이다.
  ㉡ 정지 레오나드 방식 : 사이리스터를 사용하여 교류를 직류로 변환하여 전동기에 공급하고, 사이리스터의 점호각을 제어하여 직류 전압을 가변시켜, 전동기의 속도를 제어하는 방식이다.

24) 승강로
① 권상 구동형 엘리베이터의 주행안내 레일 길이
  ㉠ 카/균형추가 최고 위치에 있을 때 가이드 슈/롤러 위로 0.1m 이상 연장되어야 한다.

ⓒ 카 지붕에서 가장 높은 부분과 승강로 천장의 가장 낮은 부분(천장 아래 위치한 빔 및 부품 포함) 사이의 수직거리는 0.5(m) 이상이어야 한다.

② **카 지붕의 피난공간 및 틈새** : 카가 최고 위치에 있을 때
  ㉠ 아래 표 [상부공간의 피난공간 크기]에 따른 피난공간을 수용할 수 있는 유효 구역이 1개 이상
  ㉡ 승강로 천장의 가장 낮은 부분과 다음 구분에 따른 카 지붕의 설비 사이의 유효 거리는 다음과 같아야 한다.
    • 카의 투영 부분은 카 지붕에 고정된 설비 중 가장 높은 부분 : 0.5m 이상
    • 카의 투영 부분에서 수평거리 0.4m 이내의 가이드 슈/롤러, 로프 단말처리부 및 수직 개폐식 문의 헤더 또는 부품의 가장 높은 부분 : 0.1m 이상 (수직거리)
    • 난간의 가장 높은 부분
      1) 카의 투영 부분에서 수평거리 0.4m 이내와 난간 외부 수평거리 0.1m 이내 부분 : 0.3m 이상(수직거리)
      2) 카의 투영 부분에서 수평거리 0.4m 바깥 부분 : 0.5m 이상(경사거리)

▼ 상부공간의 피난공간 크기

유형	자세	그림	피난공간 크기	
			수평 거리(m×m)	높이(m)
1	서 있는 자세	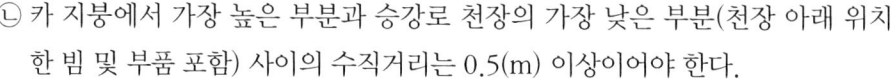	0.4×0.5	2
2	웅크린 자세		0.5×0.7	1

기호 설명 : ① 검은색, ② 노란색, ③ 검은색

③ **피트의 피난공간 및 틈새** : 카가 최저 위치에 있을 때
  ㉠ 아래 표 [피트의 피난공간 크기]에 따른 어느 하나에 해당하는 피난공간이 1개 이상
  ㉡ 피트 바닥과 카의 가장 낮은 부분 사이의 유효 수직거리 : 0.5m 이상
  ㉢ 피트에 고정된 가장 높은 부분과 카의 가장 낮은 부분의 유효 수직거리 : 0.3m 이상

▼ 피트의 피난공간 크기

유형	자세	그림	피난공간 크기	
			수평 거리(m×m)	높이(m)
1	서 있는 자세		0.4×0.5	2
2	웅크린 자세		0.5×0.7	1
3	누운 자세		0.7×1	0.5

기호 설명 : ① 검은색, ② 노란색, ③ 검은색

25) 엘리베이터의 속도

$$V = \frac{\pi DN}{1000} \times a \,[\text{m/min}]$$

여기서, D : 권상기 시브의 지름(mm)

N : 전동기 회전수(rpm)

a : 감속기의 감속비

26) 엘리베이터의 부속장치

① 비상등

램프 중심으로부터 1m 떨어진 수직면상에서 5lx 이상의 밝기가 되어야 하며, 60분 이상 유지되어야 한다.

② 과부하 경보장치

보통 적재하중의 105~110%로 설정한다.

③ BGM(back ground music)

카 내부에 음악이나 방송을 하기 위한 장치이다.

27) 엘리베이터의 안전장치

① 과부하감지장치

정격 적재하중을 초과하여 적재(승차) 시 경보가 울리고 문이 열리며(정격하중의 105~110%), 해소 시까지 문 열고 대기한다.

② 비상호출 버튼 및 비상 통화 장치

정전 시나 고장 등으로 승객이 갇혔을 때 외부와의 연락을 위한 장치

③ 비상등

정전 시에 승강기 내부에서 5 lux 이상(1시간 동안)의 밝기를 유지할 수 있는 예비조명장치

④ 카문 도어 스위치

카문 구동장치에 취부된 카문 안전장치로서 문이 완전히 닫혀야만 카를 출발시키는 장치

⑤ 승강장문 잠금장치 및 승강장문 도어 스위치

승강장 문 안전장치로서, 승강장 문이 열렸을 때는 카가 운행할 수 없도록 하며, 카가 없는 층에서는 특수한 키가 아니면 외부에서 문을 열 수 없도록 잠그는 장치

⑥ 전자-기계 브레이크

전자식으로 운전 중에는 항상 개방되어 있고, 정지시에 전원이 차단됨과 동시에 작동한다.

⑦ 완충기

스프링 또는 유체 등을 이용하여 카, 균형추 또는 평형추의 충격을 흡수하기 위한 제동수단이다.

⑧ 출입문 안전장치(문닫힘안전장치)

승강기 문에 승객 또는 물건이 끼었을 때, 자동으로 다시 열리게 되어있는 장치이다.

⑨ 추락방지안전장치(비상정지장치)

과속 또는 매다는 장치가 파단될 경우 주행안내 레일상에서 카, 균형추 또는 평형추를 정지시키고 그 정지 상태를 유지하기 위한 기계적 장치이다.

⑩ 과속조절기(조속기)

엘리베이터가 미리 설정된 속도에 도달할 때 엘리베이터를 정지시키도록 하고 필요한 경우에는 추락방지안전장치를 작동시키는 장치

⑪ 리미트 스위치, 파이널 리미트 스위치

승강기가 최상층 이상 및 최하층 이상으로 운행되지 않도록 엘리베이터의 초과운행을 방지하여 준다.

⑫ 비상구출문

층과 층 사이에 갇힘사고 발생시 승강기 내부의 천장이나 측면에 설치된 구출문으로 승객을 구출할 수 있다.

⑬ 개문출발방지장치

카의 안전한 운행을 좌우하는 구동기 또는 제어 시스템의 어떤 하나의 결함으로 인해 승강장문이 잠기지 않고 카문이 닫히지 않은 상태로 카가 승강장으로부터 벗어나는 개문출발을 방지하거나 카를 정지시킬 수 있는 장치 (이 장치는 개문출발을 감지하고, 카를 정지시켜야 하며 정지상태를 유지해야 함)

⑭ 슬루다운 스위치(Slow Down Switch)

카가 어떤 이상 원인으로 감속되지 못하고 최상·최하층을 지나칠 경우 이를 접촉, 강제적으로 감속, 정지시키는 장치인데, 리미트 스위치(Limit Switch)전에 설치한다.

⑮ 종단층 강제 감속장치

슬로다운 스위치가 종단층에서 카의 속도를 감속시키는데 실패하면 종단층, 강제감속장치를 작동시켜야 하는데 $1G(9.8m/sec^2)$를 초과하지 않는 감속도를 가져야 하며, 이때 카의 추락방지안전장치를 작동시키지 않아야 한다.

⑯ 로크다운(lock down) 추락방지안전장치

고층에 사용되는 엘리베이터는 로프의 중량 불평형을 보상하기 위해 카(car) 하부에서 균형추 하부에 보상로프를 설치하는데 그 로프를 지지하는 시브를 견고하게 설치하고 레일에 오름 방향 추락방지안전장치를 취부하여 카(car)의 추락방지안전장치가 작동 시, 로크다운(lock down) 추락방지안전장치를 동작시켜 균형추, 로프 등이 관성으로 상승하는 것을 예방한다.

이 장치는 속도 210m/min 이상의 엘리베이터에 필요한 안전장치이다.

⑰ 강제 각층 정지운전

주로 야간에 사용되는데 방범을 목적으로 주택에서 사용되고 있다. 각층 정지 스위치를 ON 시키면 각층을 정지하면서 목적 층까지 운행한다.

2 유압식 엘리베이터

1) 유압엘리베이터의 장점
- 기계실의 배치가 자유롭다.
- 건물 최상층에 하중이 걸리지 않는다.
- 승강로 상부여유 거리가 작아도 된다.

2) 유압 엘리베이터의 단점
- 균형추를 사용하지 않으므로 전동기의 소요 동력이 크다.
- 실린더를 사용하므로 행정거리와 속도에 한계가 있다.

3) 유압 엘리베이터의 종류

① 직접식 엘리베이터
- 추락방지안전장치가 없어도 된다.
- 실린더(cylinder)를 설치하기 위한 보호관을 땅에 묻어야 하기 때문에 설치가 어렵다.
- 해당 승강로 평면이 작아도 되고 구조가 간단하다.
- 부하에 대한 케이지 응력이 작아진다.

② 간접식 엘리베이터
- 추락방지안전장치가 필요하다.
- 로프의 이완(늘어남)과 기름의 압축성 때문에 부하로 인한 바닥 침하가 있다.
- 실린더(cylinder) 보호관이 필요 없다.
- 실린더(cylinder) 점검이 용이하다.

③ 팬더 그래프식 엘리베이터

플런저로 팬더 그래프를 올리고 내리는 방식이다.

4) 유압 엘리베이터의 속도 제어

① 미터 인(meter-in) 회로

유량 제어 밸브를 주회로에 삽입하여 유량을 직접제어하는 회로. 정확한 제어가 가능하지만 여분의 오일이 안전밸브를 통하여 탱크에 되돌려 보내지기 때문에 효율이 나쁘다.

② 블리드 오프(bleed-off) 방식

유량 제어 밸브를 주회로에서 분기된 바이패스(by pass) 회로에 삽입한 것. 효율이 높지만 정확한 속도 제어가 곤란하다.

5) 펌프와 밸브

① 펌프

원심식, 가변토출량식, 강제송류식이 있는데, 주로 강제 송류식의 스크루 펌프가 사용된다.

② 밸브

- 안전밸브(relief valve) : 압력조절 밸브로서 압력이 과도하게 상승(125%에 세팅)하는 것을 방지하는데, 상승 시는 전부하 압력의 140%가 넘지 않도록 하여야 한다.
- 역저지(check) 밸브 : 한쪽 방향으로만 오일이 흐르도록 하는 밸브이다. 기능은 로프식 엘리베이터의 전자 브레이크와 유사하다.
- 스톱(stop) 밸브 : 유압파워 유니트에서 실린더로 통하는 배관 도중에 설치하는 수동조작밸브이다. 이 밸브를 닫으면 실린더의 오일이 파워유니트로 역류하는 것을 방지한다. 이 밸브는 유압장치의 보수, 점검, 수리 시에 사용되는데 게이트 밸브(gate valve)라고도 하다.
- 사일런서(silencer) : 유압 엘리베이터의 소음과 진동을 흡수하기 위한 장치이다. 자동차의 머플러에 해당된다.
- 럽처 밸브(Rupture Valve) : 오일이 실린더로 들어가는 곳에 설치하여 압력배관이 파손되었을 때 자동적으로 밸브를 닫아 카가 급격히 떨어지는 것을 방지하는 밸브이다.

6) 유압기기의 발열량

$$Q = 860 \times P \times T \times N / 3,600 \, [\text{kcal/h}]$$

여기서, P : 사용전동기의 출력(kW)
T : 1주행당 전동기 구동시간(sec)
N : 1시간당 왕복횟수(회)

3 에스컬레이터

1) 에스컬레이터

① 난간 의장에 의한 분류
- 투명형 에스컬레이터
- 불투명형 에스컬레이터

② 경사도

에스컬레이터의 경사도는 30°를 초과하지 않아야 한다. 단, 높이가 6m 이하이고 공칭속도가 30m/min 이하인 경우에는 경사도를 35°까지 증가시킬 수 있다.

③ 속도

에스컬레이터 공칭속도는 경사도가 30° 이하인 경우는 45m/min 이하이어야 한다. 경사도가 30°를 초과하고 35° 이하인 경우는 30m/min 이하이어야 한다.

④ 양정의 분류
㉠ 보통양정 : 6m까지
㉡ 중양정 : 10m 정도
㉢ 고양정 : 10m 이상

⑤ 최대 수송인원

스텝/팔레트 폭(m)	공칭 속도 v[m/s]		
	0.5	0.65	0.75
0.6	3,600명/h	4,400명/h	4,900명/h
0.8	4,800명/h	5,900명/h	6,600명/h
1	6,000명/h	7,300명/h	8,200명/h

※ 쇼핑용 손수레와 화물용 카트의 사용은 대략 수용력의 80%가 감소한다.

⑥ 하강 시 정지거리

공칭속도 V	정지거리
30m/min(0.50m/s)	0.20m에서 1.00m 사이
39m/min(0.65m/s)	0.30m에서 1.30m 사이
45m/min(0.75m/s)	0.40m에서 1.50m 사이

⑦ 에스컬레이터의 적재하중

$$G = 270 \cdot \sqrt{3} \cdot W \cdot H = 270 \times A(\text{N})$$

여기서, G : 에스컬레이터의 적재하중(kg)
        A : 에스컬레이터 스텝면의 수평투영면적(m²)
        W : 스텝폭(m)
        H : 층고(m)

⑧ 구동 전동기의 용량

$$P = \frac{GV\sin\theta}{6,120\eta} \times \beta$$

여기서, P : 구동전동기 용량(kW)
        V : 에스컬레이터의 속도(m/min)
        θ : 경사각도(°)
        G : 에스컬레이터의 적재하중
        η : 에스컬레이터의 총효율(예 : 0.6)
        β : 승객승입률(0.85)

⑨ 안전장치

　㉠ 구동체인 안전장치(driving chain safety device) : 체인이 늘어나거나 절단될 경우 즉시 에스컬레이터를 안전하게 정지시켜 사고를 예방하는 장치이다.

　㉡ 머신 브레이크(machine brake) : 에스컬레이터를 정지시킨 상태(전원을 OFF 시킨 상태)에서 에스컬레이터가 관성으로 움직이는 것을 방지하기 위해 설치하는 장치이다.

　㉢ 과속조절기 : 과(over)하중이 걸리거나 상승운전 중에도 하강하거나 하강운전 시 정격속도보다 과속될 때 이를 방지하기 위해 모터 축에 연결한다.

　㉣ 계단 체인 안전장치(step chain safety device) : 계단 체인이 파단되거나 과도하게 늘어날 때 즉시 작동하여 에스컬레이터를 정지시키는 장치이다.

　㉤ 핸드레일 안전장치 : 핸드레일에 손이나 다른 물체가 끼었을 경우 자동으로 에스컬레이터를 정지시킨다.

　㉥ 스커트가드 안전장치(skirt guard safety device) : 계단과 스커트 가드 사이에 이물질 및 어린이의 신발 등이 끼이면 그 압력에 의해 스위치가 동작, 에스컬레이터를 정지시키며, 상하부와 곡선부 좌우에 설치한다.

　㉦ 스텝의 데마케이션 라인 : 황색라인으로 승객에게 경각심을 일으켜 사고를 예방하는 역할을 한다.

　㉧ 디딤판의 핸드레일 속도 감지장치 : 이동식 핸드레일의 경우, 운행 전구간에서 디딤판과 핸드레일의 속도 차는 0~2% 이하이어야 한다.

4 수평보행기(Moving Walk)

1) 구조

무빙워크는 스텝이 금속제의 팔레트식과 스텝이 고무벨트로 만들어진 고무벨트식이 있다.

2) 경사도

무빙워크의 경사도는 12° 이하이어야 한다.

3) 공칭속도

무빙워크의 공칭속도는 45m/min(0.75m/s) 이하이어야 한다.

4) 정지거리

수평 또는 하강 시 다음과 같아야 한다.

공칭속도 V	정지거리
0.50m/s	0.20m에서 1.00m 사이
0.65m/s	0.30m에서 1.30m 사이
0.75m/s	0.40m에서 1.50m 사이
0.90m/s	0.55m에서 1.70m 사이

5 소형 화물형 엘리베이터(Dumb Waiter)

1) 구조

바닥면적 $1m^2$ 이하, 천장높이 1.2m 이하, 300kg 이하의 소화물 운반에 사용된다. table형과 floor형이 있다.

2) 정격속도

60m/min 이하이어야 한다.

6 휠체어 리프트

1) 수직형 휠체어 리프트

① 정격속도 9m/min 이하이어야 한다.
② 주행선의 경사도는 수직에서 15° 이하이어야 한다.
③ 승강행정은 4m 이하 그리고 4m 초과 12m 이하로 구분된다.

2) 경사형 휠체어 리프트

① 정격속도 9m/min 이하이어야 한다.
② 레일의 경사도는 15°~75° 이하이어야 한다.

7 소방구조용(비상용) 엘리베이터

1) 설치기준

구분	비상용 승강기 대수
높이 31m를 넘는 각층의 바닥면적 중 최대 바닥면적이 1,500m² 이하인 경우	1대 이상
높이 31m를 넘는 각층의 바닥면적 중 최대 바닥면적이 1,500m²를 넘는 경우	1,500m²를 넘는 3,000m² 이내 마다 1대씩 가산한다.

2) 속도

정격속도는 60m/min 이상되어야 한다. 그리고 문이 닫힌 후 60초 이내에 가장 먼 층까지 도착되어야 한다.

3) 보조전원 공급장치

정전 시 60초 이내에 안정된 전압을 확립하여 모든 비상용 엘리베이터가 정격부하에서 2시간 이상 운행이 가능해야 한다.

4) 비상구출문

카 지붕에는 0.5m×0.7m 이상의 비상구출문이 설치되어야 한다.

5) 소방스위치

승강장 문 끝부분에서 수평으로 2m 이내에 위치하고, 승강장 바닥 위로 1.4m~2.0m 이내에 위치하여야 한다.

8 장애인용 엘리베이터 추가 요건

1) 승강기 전면의 활동공간
1.4m×1.4m 이상

2) 승강장 바닥과 승강기 바닥의 틈새
0.03m(30mm) 이하

3) 카의 크기
폭 1.6m×깊이 1.35m 이상, 출입구 유효 폭 0.8m 이상(신축건물은 0.9 m 이상)

4) 승강기의 설치물(호출 버튼, 조작반, 통화 장치 등)
① 모든 스위치의 높이는 휠체어 사용자가 사용할 수 있도록 바닥면부터 0.8~1.2m에 설치
② 카 내 조작반 : 진입 방향 우측면에 설치
③ 핸드 레일 : 측면과 후면에 0.8~0.9m 위치에 설치
④ 거울 : 카 내 유효바닥면적이 1.4m×1.4m 미만인 경우에는 카 내부 후면에 견고한 재질의 거울이 설치

5) 점자 표시판 & 점자
① 점자 표시판 : 조작반, 인터폰에 부착
② 점형블록 바닥재 : 각 층의 호출 버튼 0.3m 전면에는 점형블록이 설치되거나 시각장애인이 감지할 수 있도록 바닥재의 질감 등을 달리해야 한다.
③ 음성안내 : 층 등록과 취소 시에도 음성으로 안내

6) 문이 열린 채로 대기
호출 버튼 또는 등록버튼에 의하여 카가 정지하면 10초 이상 문이 열린 채로 대기

7) 카 바닥 조명 조도
150lx 이상의 조도

9 기계식 주차장치

1) 주차장치의 종류
① 2단식 주차장치
② 다단식 주차장치
③ 수직순환식 주차장치
④ 수평순환식 주차장치
⑤ 다층순환식 주차장치
⑥ 승강기식 주차장치
⑦ 승강기 슬라이드식 주차장치
⑧ 평면 왕복식 주차장치

2) 자동차의 입출고 시간
입출고 하는 데 소요되는 시간은 각각 2시간 이내이어야 한다. (단, 2단식과 다단식 주차장치에는 적용하지 않는다.)

10 유희시설

1) 고가(高架)의 유희시설 종류
① 모노레일
② 어린이 기차
③ 코스터
④ 매트 마우스
⑤ 워터 슈트

2) 회전하는 유희시설의 종류
① 회전그네
② 비행탑
③ 메리고 라운드(회전목마)
④ 관람차

⑤ 옥토퍼스
⑥ 로터
⑦ 문 로케트

11 승강기 설계

1) 설비 계획상 요점
① 교통량 계산을 하여 그 빌딩의 교통 수요에 적합한 충분한 대수일 것
② 이용자의 대기시간이 정확하도록 할 것
③ 여러대를 설치할 경우 가능한 건물 가운데로 배치할 것
④ 교통 수요에 따라 시발층을 어느 하나의 층으로 할 것
⑤ 군관리 운전을 할 경우에는 서비스층은 최상층과 최하층을 일치시킬 것
⑥ 초고층 빌딩의 경우에는 서비스층의 분할을 고려 할 것

2) 교통 수요 예측
교통 수요는 빌딩의 규모와 단위시간의 승객의 집중율로 예측한다.
※ 빌딩의 규모의 구분은 오피스 빌딩의 경우 사무실 유효면적으로, 공동주택은 거주인구, 백화점은 매장면적, 호텔은 침실 수로 산정한다.

3) 1대당 5분간 수송능력

$$B = \frac{5 \cdot 60 \cdot r}{RTT}$$

여기서, r : 승객 수
RTT : 일주시간

4) 양적으로 엘리베이터 대수

$$N = \frac{Q}{B}$$

여기서, Q : 5분간 전체 교통 수요
B : 1대당 5분간 수송능력

5) 평균 운전 간격

$$D = \frac{RTT}{N}$$

여기서, RTT : 일주시간

N : 그룹 운전하고 있는 대수

6) 교통량 계산방법
① 시뮬레이션에 의한 계산
② 예상 정지층 수에 따른 운전확률에 의한 계산

7) 엘리베이터 교통량 계산에 필요한 기초자료
① 필수 데이터
- 층고
- 빌딩의 용도 및 성질
- 층별용도
- 출발층

② 필요에 따라 제시하는 데이터
- 엘리베이터의 대수
- 서비스층 구분
- 정격속도
- 정격용량
- 뱅크구분

8) 엘리베이터의 주행시간
주행시간=가속시간+감속시간+전속 주행시간

9) 엘리베이터의 일주시간
일주시간(RTT)=Σ(주행시간+도어 개폐시간+승객 출입시간+손실시간)

10) 승강기 위치 선정의 기본사항

승객이 접근하기 쉬운 위치에 설비하여야 하고, 건물 중앙에 위치하여야 한다.

11) 오피스 빌딩 교통 수요

① 피크 교통시간의 조사
  ㉠ 오피스 빌딩은 아침 출근 시 상승 피크를 대상으로 한다.
  ㉡ 사원 식당이 있어 점심 식사 시 교통 수요가, 아침 출근 시보다 많은 경우에는, 점심 식사 시의 교통 계산도 같이 할 경우가 있다.

② 거주인구의 산출
  ㉠ 임대빌딩의 경우 거주인구

  $$거주인구 = \frac{유효 \ 바닥 \ 면적(m^2)}{1인당 \ 점유 \ 면적(m^2/인)}$$

  ㉡ 오피스 빌딩의 층별 인구

  $$층별 \ 인구 = \frac{층별 \ 유효 \ 면적(m^2)}{1인당 \ 점유 \ 면적(m^2/인)}$$

  ㉢ 오피스 빌딩의 층별 유효 면적

  $$층별 \ 유효 \ 면적(m^2) = 층별 \ 총면적(m^2) \times 렌탈(Rental)비$$

  ※ 렌탈비는 지하주차장 등을 제외한 2층 이상의 건물은 80%, 초고층 빌딩은 75% 정도이다.

  〈1인당 점유 면적〉
  • 중소 사무실 빌딩 : $6 \sim 7 m^2/$인
  • 대규모 사무실 빌딩 : $7 \sim 8 m^2/$인

12) 아파트 교통 수요

아파트의 피크는 저녁(직장인 및 학생들의 귀가 등)에 일어난다. 그러나 아침 출근시간이 피크가 될 경우도 있다.

▼ 저녁시간 아파트의 5분간 집중률과 평균 운전 간격의 허용값〉

주택의 종류	집중율(%)	평균 운전 간격(초)
주택공사 아파트	3.5%	60~90
민간 분양 아파트	3.5%~5.0%	

13) 엘리베이터 설치 대수에 따른 배열

① 1뱅크 4대 이하의 직선배치

② 1뱅크 4-6대의 엘코브 배치(대면 거리는 3.5~4.5m)

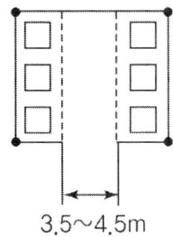

③ 1뱅크 4-8대의 대면 배치(대면 거리는 3.5~4.5m)

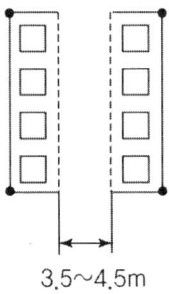

④ 2뱅크의 경우

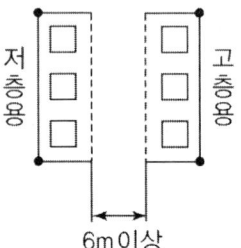

14) 에스컬레이터의 배열 시 유의사항

① 바닥의 점유면적을 적게 할 것
② 승객의 보행거리를 줄일 것
③ 건물의 지지보, 기둥의 위치를 고려해 하중을 균등하게 분산할 것

15) 에스컬레이터 배열의 종류

① 단열 승계형

　　상층으로 고객을 유도하기 용이하며, 바닥에서는 교통이 연속적이다. 그러나 바닥면적의 점유면적이 크다.

② 단열 겹침형

　　설치 면적이 적으며, 쇼핑객의 시야를 트이게 한다. 그러나 바닥과 바닥 간의 교통은 연속적이지 못하다.

③ 복열 승계형

　　전 매장이 보이며, 에스컬레이터의 위치도 보인다. 또한 오르고 내림의 교통을 분할 할 수도 있으며, 오름 내림방향 모두 바닥에서 바닥으로 연속적으로 운반한다.

④ 교차 승계형

　　오름 내림의 교통이 떨어져 있어 승강구에서 혼잡이 적으며, 오름 내림이 모두 바닥에서 바닥으로 연속적으로 운반한다. 단점으로는 쇼핑객의 시야가 적으며, 에스컬레이터의 위치 표시를 하기 어렵다.

16) 에스컬레이터의 배치방법

① 건물의 정면 출입구와 엘리베이터 설치 위치와의 중간에 한다.
② 백화점에서는 눈에 잘 띄는 곳에 설치하고, 탑승객이 바닥면을 잘 볼 수 있도록 한다.
③ 기존의 빌딩에서는 벽, 기둥, 보를 고려한다.
④ 1층에서는 사람의 움직임이 많은 곳에 설치한다.

17) 승강기 제어반의 접지

① 접지 공사의 종류
- ㉠ 시설의 종류 : 단독접지, 공통접지, 통합접지
- ㉡ 시설의 구분 : 보호접지, 피뢰시스템 접지, 계통접지
    - [참고] 계통접지는 TN-S 방식, TN-C 방식, TN-C-S 방식, T-T 방식, I-T 방식이 있다.

② 전압의 종별
- ㉠ 저압 : 직류는 1,500V 이하, 교류는 1,000V 이하
- ㉡ 고압 : 직류, 교류가 저압을 넘고 7,000V 이하
- ㉢ 특고압 : 직류, 교류가 7,000V 초과

③ 3상 4선식 전선 색깔
- L_1 : 갈색
- L_2 : 흑색
- L_3 : 회색, 접지도체 및 보호도체 : 녹색+황색 테두리

18) 승강기 재료의 역학적 성질

① 하중이 작용하는 방향에 따른 분류
- ㉠ 인장하중(tensile load)
- ㉡ 압축하중(compressive load)
- ㉢ 전단하중(shearing load)
- ㉣ 휨 하중(bending load)
- ㉤ 비틀림 하중(torsional load)

② 하중이 걸리는 시간과 속도에 따른 분류
- ㉠ 정하중
- ㉡ 동하중
    - 교번하중
    - 반복하중
    - 충격하중

③ 응력 : 단위면적에 대한 내부 저항력의 값
   ㉠ 인장응력

   $$\sigma_t = \frac{W}{A}[\text{N/mm}^2]$$

   여기서, A : 단면적, W : 인장력

   ㉡ 압축 응력

   $$\sigma_c = \frac{W}{A}[\text{N/mm}^2]$$

   여기서, A : 단면적, W : 압축력

   ③ 전단 응력

   $$\tau = \frac{W}{A}[\text{N/mm}^2]$$

   여기서, A : 단면적, W : 전단하중

④ 변형률 : 변형량을 처음 길이로 나눈 값
   ㉠ 세로 변형률

   $$\epsilon = \frac{\lambda}{l} = \frac{l'-l}{l}$$

   여기서, l : 최초 재료의 길이(mm)
           l' : 변형 후 재료의 길이(mm)
           λ : 변형량

   ㉡ 가로 변형률

   $$\epsilon' = \frac{\delta}{d}$$

   여기서, d : 최초의 길이, δ : 변형량

   ㉢ 전단변형률

   $$\gamma = \frac{\lambda_s}{l} = \tan\phi = \phi(\text{rad})$$

   여기서, l : 평면간의 길이(최초의 길이)
           λ_s : 늘어난 길이
           ϕ : 전단각

⑤ 후크의 법칙(hook's law)

비례 한도 범위 내에서 응력과 변형은 비례한다.

(응력=탄성계수×변형률)

⑥ 탄성계수

㉠ 세로 탄성계수(영률)

$$E = \frac{수직응력(\sigma)}{수직\ 방향변형률(\epsilon)}$$

$$E = \frac{\sigma}{\epsilon} = \frac{\frac{W}{A}}{\frac{\lambda}{l}} = \frac{Wl}{A\lambda} \,(\text{kg/m}^2)$$

※ $\sigma = \frac{W}{A}$ 여기서 σ : 수직응력, W : 수직하중, A : 단면적

※ $\epsilon = \frac{\lambda}{\ell}$ 여기서 ϵ : 세로 변형률, ℓ : 최초의 길이, λ : 수직변형량

㉡ 가로(전단) 탄성계수

$$G = \frac{전단응력(\tau)}{전단 변형률(\gamma)}$$

⑦ 포아송의 비

탄성한도 이내에서의 가로와 세로 변형률의 비는 재료에 관계없이 일정한 값이 된다.

$$포아송의\ 비(\mu) = \frac{가로\ 변형률(\epsilon')}{세로\ 변형률(\epsilon)} = \frac{1}{m}$$

※ $1/m$은 포아송의 비로 항상 1보다 작으며, m을 포아송의 수라고 한다.

⑧ 보의 종류

㉠ 정정보
- 외팔보 : 한 끝은 고정되고 다른 끝이 자유인 보
- 단순보 : 보의 양 끝을 바치고 있는 보
- 내다지보 : 받침점의 바깥쪽에 하중이 걸리는 보

㉡ 부정정보
- 고정보 : 양 끝이 모두 고정되어 있는 보

- 연속보 : 3개 이상의 받침점을 가진 보
- 고정지지보 : 한 끝을 고정하고 다른 한 끝을 바치고 있는 보

⑨ **지지점의 반력**

아래 그림은 모멘트 균형관계에 의해서

$R_A l = Wb, R_B l = Wa$가 된다.

그러므로

$$R_A = \frac{Wb}{l}, R_B = \frac{Wa}{l}$$

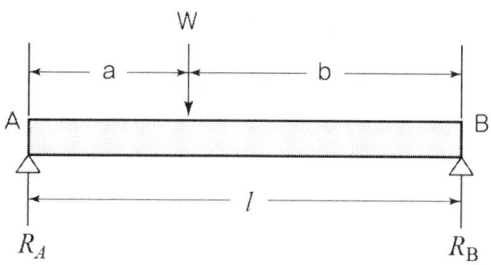

※ 반력 : 보에 하중이 걸려 지지점을 누를 때, 균형을 이루기 위해 지지점에서 밀어 올리는 힘을 말한다.

⑩ **축의 비틀림**

㉠ 굽힘 모멘트 만을 받는 축
- 속이 찬 축의 경우

$$M = \sigma \frac{\pi d^3}{32}$$

여기서, M : 굽힘 모멘트, d : 지름, σ : 굽힘응력

- 속이 빈 축의 경우

$$M = \sigma \frac{\pi}{32} \left(\frac{d_2^4 - d_1^4}{d_2} \right)$$

여기서, M : 굽힘 모멘트, σ : 굽힘응력,
d_1 : 빈축의 지름, d_2 : 전체지름

ⓛ 비틀림 모멘트만을 받는 축
- 속이 찬 축의 경우

$$T = a\frac{\pi d^3}{16} = \frac{71620H}{N}$$

여기서, T : 비틀림 모멘트　　a : 최대전단응력
　　　　d : 지름　　　　　　H : 전동축 마력 수
　　　　N : 회전수

- 전동축 마력 수(H)

$$H = \frac{TN}{71620}(PS)$$

여기서, T : 비틀림 모멘트　　N : 회전수

ⓒ 굽힘 모멘트와 비틀림 모멘트를 동시에 받는 축
- 연성 재료의 경우

$$Te = \sqrt{M^2 + T^2}$$

여기서, Te : 상당비틀림 모멘트
　　　　M : 굽힘 모멘트
　　　　T : 비틀림 모멘트

- 취성재료의 경우

$$Me = \frac{1}{2}(M + \sqrt{M^2 + T^2})$$

여기서, Me : 상당 굽힘 모멘트
　　　　M : 굽힘 모멘트
　　　　T : 비틀림 모멘트

⑪ 전동 장치의 벨트

㉠ 벨트의 길이 : 두 풀리의 지름을 D_1, D_2(cm), 중심 거리를 l(cm), 벨트의 길이를 L(cm)이라 하면,
- 평행걸기의 경우

$$L ≒ 2l + \frac{\pi(D_2 + D_1)}{2} + \frac{(D_2 - D_1)^2}{4l}$$

- 엇 걸기의 경우

$$L ≒ 2l + \frac{\pi(D_2+D_1)}{2} + \frac{(D_2+D_1)^2}{4l}$$

⑫ 동력 전달 장치의 속도비

$$i = \frac{N_2}{N_1} = \frac{Z_1}{Z_2} = \frac{D_1}{D_2}$$

여기서, N_1, N_2 : 원동차, 종동차의 회전수(rpm)

Z_1, Z_2 : 원동차, 종동차의 잇수

D_1, D_2 : 원동차, 종동차의 지름(mm)

⑬ 체인의 평균속도

$$v = \frac{\pi DN}{60 \times 1000}$$

여기서, D : 스프로켓 휠의 피치원 지름

N : 스프로켓의 회전수

⑭ 체인의 전달동력

$$H = \frac{TV}{1000} (\text{kW})$$

$$H = \frac{TV}{735.5} (\text{PS})$$

여기서, T : 긴장 측 인장력(N)

V : 체인의 원주 속도(m/s)

⑮ 활차(도르래)장치

㉠ 단활차(單滑車) : 도르래 1개만을 사용한다.

- 정활차 : 힘의 방향만 바꾼다. (P = W)

- 동활차 : 하중을 위로 올릴시 $\frac{1}{2}$의 힘으로 올릴 수 있다. (W = 2P, P = $\frac{1}{2}$W)

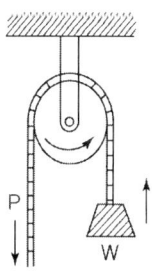

(정활차)

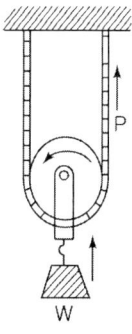

(동활차)

ⓒ 복활차(復滑車) : 정활차와 동활차를 사용하여 조합 활차를 만든 것으로서 작은 힘으로 몇 배의 하중도 올릴 수 있다.

$$W = 2^n \times P$$

여기서, W : 하중, P : 올리는 힘, n : 동활차의 수

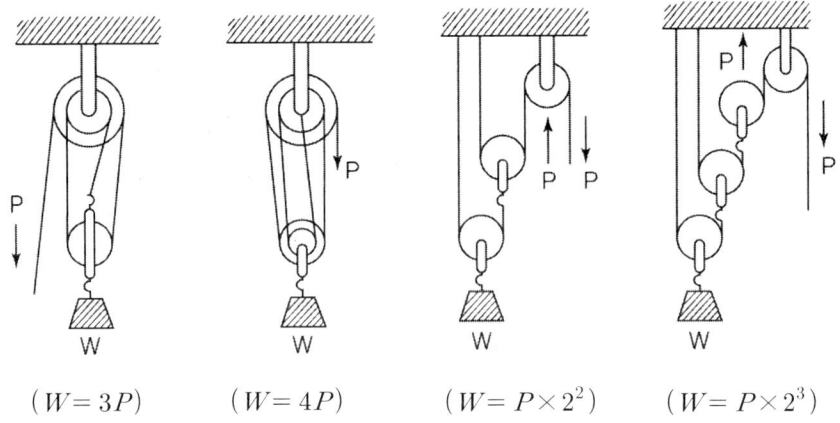

$(W = 3P)$　　$(W = 4P)$　　$(W = P \times 2^2)$　　$(W = P \times 2^3)$

⑯ 기어 이의 크기 표시방법

　㉠ 모듈(module) : 피치원의 지름을 잇수로 나눈 값(미터식)

$$\text{모듈 } M = \frac{\text{피치원의 지름[mm]}}{\text{잇수}} = \frac{D}{Z} = \frac{P}{\pi}$$

　㉡ 원주피치 : 피치원의 원주를 잇수로 나눈 값

$$\text{원주피치 } P = \frac{\text{피치원의 둘레[mm]}}{\text{잇수}} = \frac{\pi D}{Z}$$

　㉢ 지름피치(diametral pitch) : 잇수를 피치원의 지름으로 나눈 값(인치식)

$$\text{지름피치 } D \cdot P = \frac{\text{잇수}}{\text{피치원의 지름(IN)}} = \frac{Z}{D} = \frac{25.4Z}{D[\text{mm}]} = \frac{25.4}{M}$$

※ 모듈과 지름피치 및 원주 피치 사이에는 다음과 같은 관계가 있다.

$$P = \pi M, \quad DP = \frac{25.4}{M}$$

⑰ 기어 양축 간의 중심거리

$$A = \frac{M(Z_1 + Z_2)}{2}$$

여기서, M : 모듈　　　Z_1, Z_2 : 잇수

12 전기설비설계

1) 직류 전동기

① 분권 전동기

㉠ 역기전력

$$E = V - I_a R_a \,[\text{V}]$$

여기서, E : 역기전력, V : 단자전압, I_a : 전기자 전류 R_a : 전기자 저항

㉡ 토크

$$\tau = 9.55\frac{P}{N}[\text{N}\cdot\text{m}] = 0.975\frac{P}{N}[\text{kg}\cdot\text{m}]$$

여기서, N : 회전속도, P : 출력

㉢ 회전속도

$$N = K\frac{V - I_a R_a}{\phi}[\text{rpm}]$$

여기서, K : 상수, V : 단자전압, I_a : 전기자 전류 R_a : 전기자 저항
　　　　ϕ : 자속

② 직권 전동기

㉠ 역기전력

$$E = V - I(R_a + R_s)[\text{V}]$$

여기서, E : 역기전력, V : 단자전압, I : 부하전류 R_a : 전기자 저항
　　　　R_s : 계자저항
　　　　※ 부하 시 $I = I_a = I_s$

ⓒ 토크

$$\tau = 9.55\frac{P}{N}[\text{N}\cdot\text{m}] = 0.975\frac{P}{N}[\text{kg}\cdot\text{m}]$$

여기서, P : 출력, N : 회전속도

ⓒ 회전속도

$$N = K\frac{V - I(R_a + R_s)}{\phi}[\text{rpm}]$$

여기서, N : 회전속도, V : 단자전압, I : 부하전류, R_a : 전기자 저항
R_s : 계자저항, ϕ : 자속

③ 직류 전동기 속도 제어의 종류

ⓐ 전압 제어   ⓑ 계자 제어   ⓒ 저항 제어

④ 직류 전동기의 회전 방향 변경

계자 권선이나 전기자 권선에 흐르는 전류 중, 어느 하나의 전류 방향을 바꾸면 된다. ($\tau = K\phi I_a$)

⑤ 직류 전동기 제동의 종류

ⓐ 역전제동   ⓑ 발전제동   ⓒ 회생제동

2) 3상 유도 전동기

① 슬립

$$S = \frac{\text{동기 속도} - \text{회전자 속도}}{\text{동기 속도}} = \frac{N_s - N}{N_s}$$

여기서, N : 회전자 속도, N_s : 동기 속도

② 전동기 속도

$$N = (1-S)N_s = (1-S)\frac{120f}{P}[\text{rpm}]$$

여기서, S : 슬립, N_s : 동기 속도, P : 극수, f : 주파수

③ 2차 동손

$$P_{c2} = SP_2$$

여기서, S : 슬립, P_2 : 2차 입력

④ 2차 효율

$$\eta_2 = 1 - S = \frac{N}{N_s}$$

⑤ 2차 출력

$$P_o = (1-S)P_2$$

여기서, P_2 : 2차 입력

⑥ 토크

$$\tau = 9.55\frac{P_o}{N} = 9.55\frac{P_2}{N_s}[\text{N}\cdot\text{m}]$$

$$\tau = 0.975\frac{P_o}{N} = 0.975\frac{P_2}{N_s}[\text{kg}\cdot\text{m}]$$

여기서, N : 회전자 속도, N_s : 동기속도, P_2 : 2차 입력, P_o : 2차 출력

⑦ 농형 유도 전동기의 기동

㉠ 전전압 기동 : 5 kW 이하 소형 전동기

㉡ Y-Δ 기동 : 10~15 kW까지의 전동기 $\left(I_Y = \frac{1}{3}I_\Delta\right)$

㉢ 기동 보상기에 의한 기동 : 15 kW 이상의 전동기

13 재해 대책 설비

1) 설계용 수평 지진력(작용점은 기기의 중심)

$$F = KW [\text{kg}]$$

여기서, K : 설계용 수평진도, W : 기기의 중량(kg)

2) 설계용 수직 지진력(기계실기기)

$$F_0 = K_0 W [\text{kg}], \quad K_0 = \frac{1}{2} K$$

여기서, K_0 : 설계용 수직진도

3) 높이가 60m 이하인 엘리베이터의 설계용 수평진도

$$F = X \cdot Y$$

여기서, X : 지역계수, Y : 설계용 표준진도

4) 높이가 60m 초과인 엘리베이터 설계용 수평진도

$$F_h = \frac{F_R}{g} K_1 \cdot T$$

여기서, F_R : 각층의 플로어 응답 가속도의 최댓값(gal)

g : 중력 가속도(=980gal)

K_1 : 기기의 응답 배율을 고려한 계수

T : 중요도 계수

제2장 논리회로 및 불대수

1 논리회로

1) AND 회로

① 시퀀스 회로　② 진리표　③ 논리회로　④ 논리식

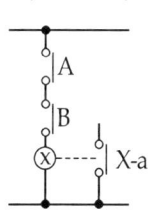

입력		출력
A	B	X
0	0	0
0	1	0
1	0	0
1	1	1

$X = A \cdot B$

2) OR 회로

① 시퀀스 회로　② 진리표　③ 논리회로　④ 논리식

입력		출력
A	B	X
0	0	0
0	1	1
1	0	1
1	1	1

$X = A + B$

3) NOT 회로

① 시퀀스 회로　② 진리표　③ 논리회로　④ 논리식

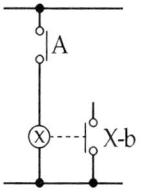

입력	출력
A	X
0	1
1	0

$X = \overline{A}$

4) NAND 회로

① 시퀀스 회로　② 진리표　③ 논리회로　④ 논리식

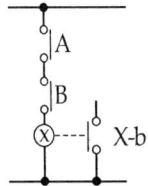

입력		출력
A	B	X
0	0	1
0	1	1
1	0	1
1	1	0

$X = \overline{A \cdot B}$

5) NOR 회로

① 시퀀스 회로　② 진리표　③ 논리회로　④ 논리식

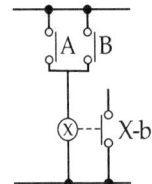

입력		출력
A	B	X
0	0	1
0	1	0
1	0	0
1	1	0

$X = \overline{A + B}$

2 불대수

1) 불대수의 정리

① $A + 0 = A,\ A \cdot 0 = 0$

② $A + 1 = 1,\ A \cdot 1 = A$

③ $A + A = A,\ A \cdot A = A$

④ $A + \overline{A} = 1,\ A \cdot \overline{A} = 0$

⑤ $A + AB = A,\ A + \overline{A}B = A + B$

2) 드모르간의 정리

① $(\overline{X + Y}) = \overline{X} \cdot \overline{Y}$

② $(\overline{X \cdot Y}) = \overline{X} + \overline{Y}$

과년도 문제

제1장 승강기 기능사

실기시험방법

● 승강기 기능사

① 와이어로프를 소켓에 삽입하는 작업 또는 행거롤러를 조립하는 작업 중 하나를 시험일정에 따라 시행한다.

　※ 와이어로프 작업은 모두 삽입되었을 때 둥글게 감은 부분이 5~10mm 정도 남아야 한다.

　※ 행거롤러 작업이 완성되었을 때 바(bar)는 좌우로 움직여 롤러 사이를 이탈하면 안 되며, 롤러 사이를 부드럽게 이동하여야 한다.

② 시퀀스 회로도 배선은 시험 도면에 그려진 대로 기구를 배치한 다음 회로도에 각종 계전기(전자개폐기, EOCR, 타이머 등) 번호를 기재한 후, 주회로는 $2.5mm^2$ 연선에 터미널 커버(튜브)와 터미널 단자(Y형)를 끼우고, 압착 펜치로 눌러 연결시킨 다음 배선하고, 보조회로는 $1.5mm^2$의 단선으로 배선한다.

　※ 동작은 회로도대로 되어야 하며, 기구배치(램프, 푸시 버튼 색상 등) 역시 정확히 되어야 한다.

　※ 한 단자에 2선 이상의 전선이 삽입되어서는 안 되며 또한 기구와 기구 사이로 배선이 되어서는 안 된다.

　※ 박스 뚜껑이 고정되지 않아 내부가 보여서는 안 된다.

● 승강기 산업기사 및 승강기 기사

① 필답형으로 실시한다.

② 산업기사는 2시간, 기사는 2시간 30분으로 실시한다.

승강기 기능사

1 시퀀스 회로

1) 타이머에 의한 전동기 Y-△ 운전회로

동작사항

- PB-ON 누르면 → ⓣ ⓜⓒ₁ 여자 → Y 결선으로 전동기 운전, ⓛ₁ 점등
- 수초 후(설정된 시간이 되면) 한시접점들의 이동 → ⓜⓒ₁ 소자 ⓜⓒ₂ 여자, ⓛ₁ 소등, ⓛ₂ 점등, △ 결선으로 전동기운전
- 전동기 운전 중 PB-OFF를 누르면 초기 상태가 되어 동작되는 것은 없음.
- EOCR 동작 → ⓞⓛ 점등

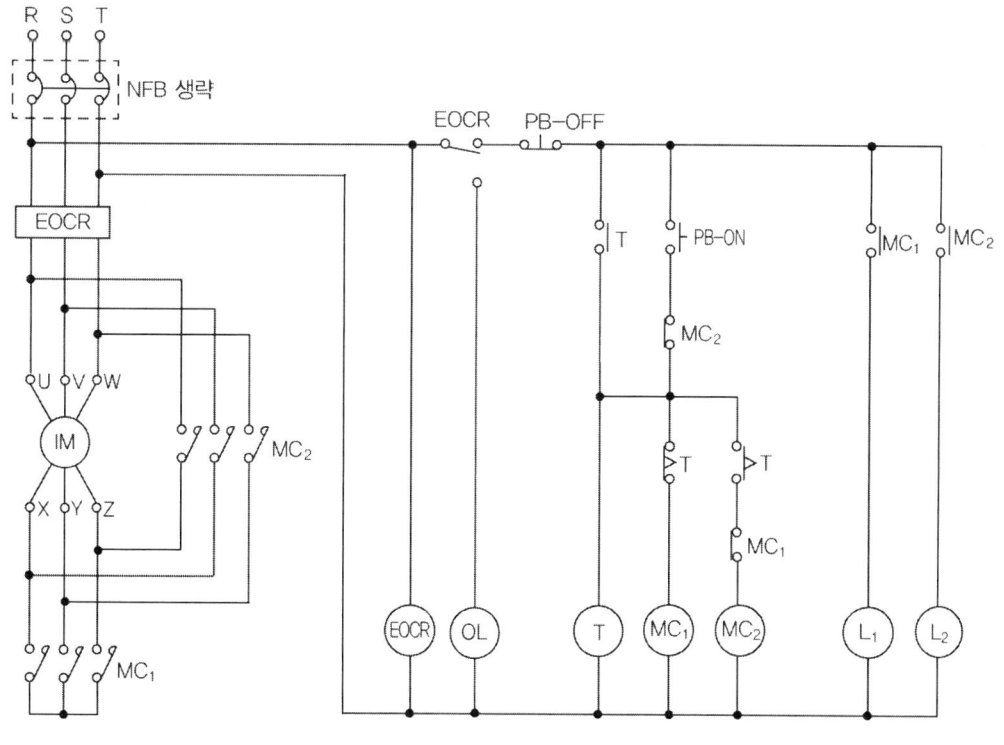

▲ 시퀀스 회로도

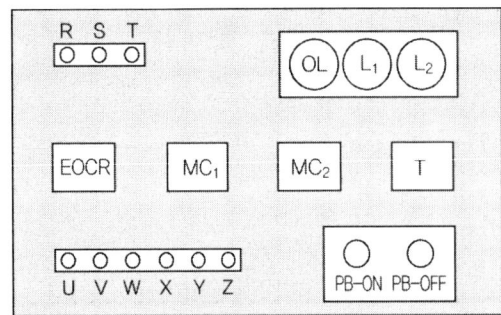

▲ 배치도

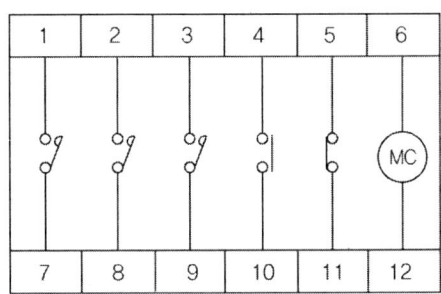

▲ 전자개폐기 내부 접속도

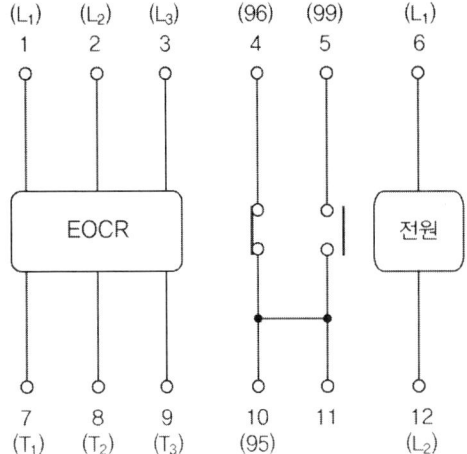

▲ EOCR 내부 결선도

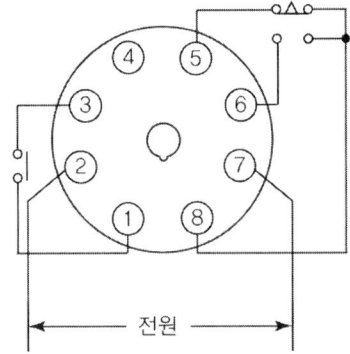

▲ Timer 내부 접속도

2) 타이머에 의한 전동기 기동·정지 반복회로

동작사항

- 전원투입 → L_3 점등

- ON을 누르면 → RY_1 MC T_1이 여자 → L_1 점등, 전동기 운전

- 수초 후(설정시간이 되면) T_1의 한시 a 접점이 붙어 T_2 RY_2는 여자, MC T_1은 소자 → 전동기 정지, L_2 점등

- 수초 후(설정시간이 되면) T_2의 한시 b 접점이 떨어져 T_2 RY_2 소자 → MC T_1 여자되어 전동기 운전, L_2 소등
  ※ 계속적으로 같은 동작이 반복적으로 이루어짐.

- 동작 중 OFF 버튼을 누르면 처음의 상태가 되어 L_3만 점등
- EOCR이 동작하면 부저가 울리고 모든 동작은 전혀 이루어지지 않음.

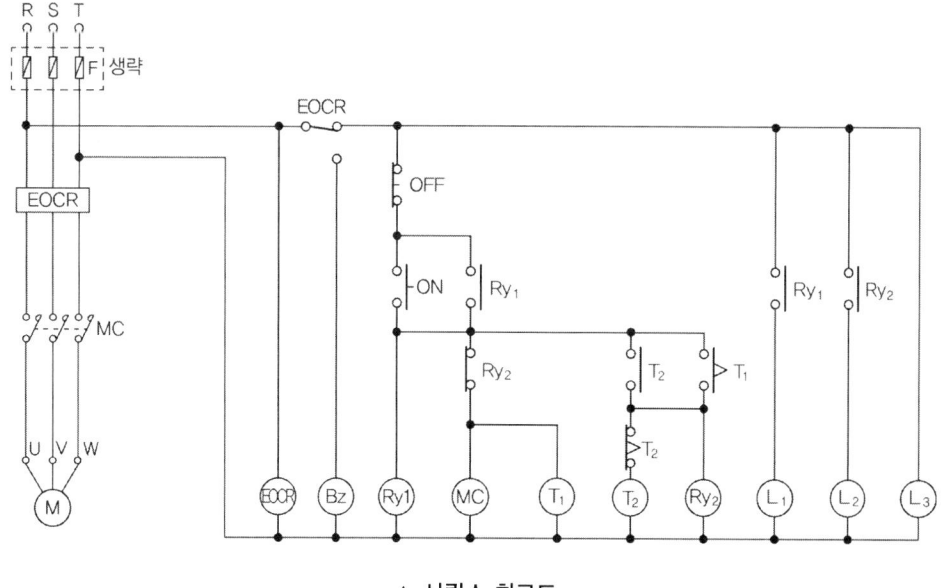

▲ 시퀀스 회로도

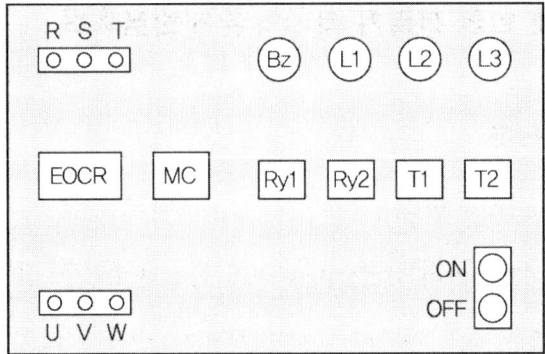

▲ 기구 배치도

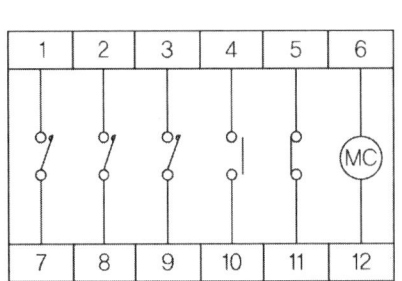

▲ 전자개폐기 내부 접속도

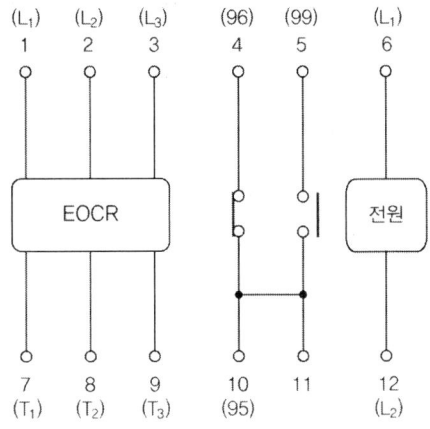

▲ EOCR 내부 결선도

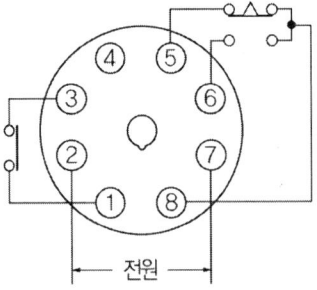

▲ TIMER 내부 접속도

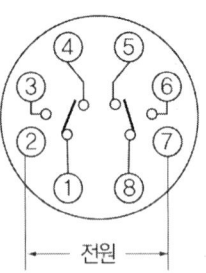

▲ RELAY 내부 접속도

3) 타이머에 의한 전동기 정·역 운전회로

- ON을 누르면 → MC_1, T_1 여자 → 정방향으로 전동기 운전, L_1 점등
- 수초 후(설정시간이 되면) T_1의 한시 접점들이 이동 → MC_1 소자, L_1 소등, T_2 여자, 전동기 정지 → 수초 후(설정시간이 되면) T_2의 한시 a 접점이 붙어 MC_2 여자, L_2 점등, 역방향으로 전동기 운전
- 동작 중 OFF를 누르면 모든 동작은 처음의 상태가 되어 동작되는 것은 없다.
- EOCR이 동작되면 OL만 점등된다.

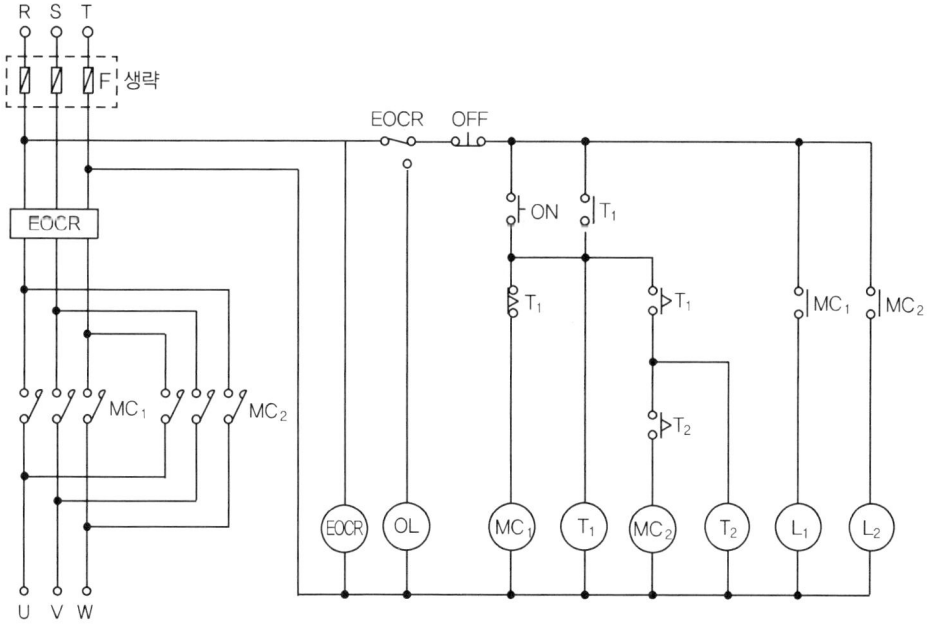

▲ 시퀀스 회로도

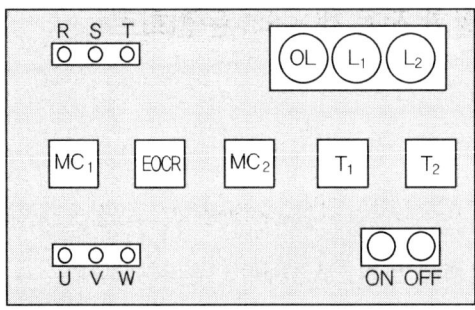

▲ 배치도

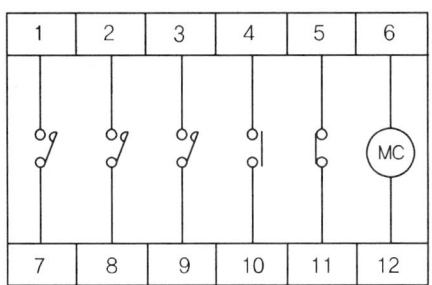

▲ 전자개폐기 내부 접속도

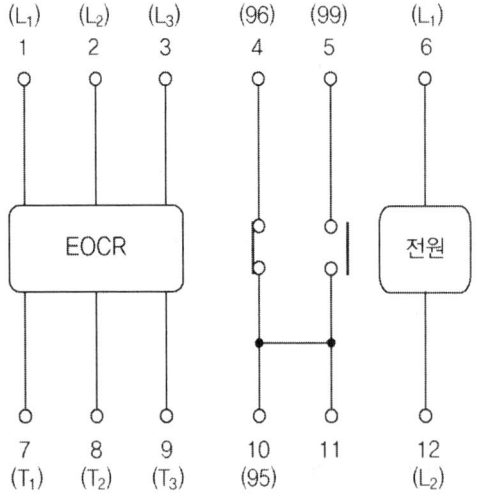

▲ EOCR 내부 결선도

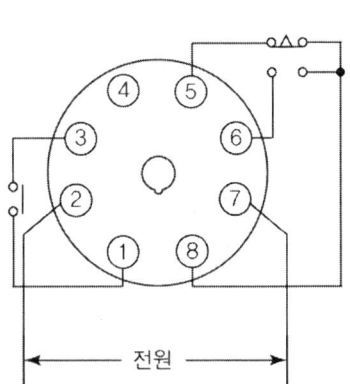

▲ Timer 내부 접속도

4) 푸시버튼에 의한 전동기 Y-△ 운전회로

동작사항

- PB_1 누르면 → MC_1, RY_1 여자 → L_1 점등, 전동기는 Y 결선으로 운전(PB_0 누르면 전동기는 운전정지 및 L_1 소등)
- PB_2를 누르면 → MC_2, RY_2 여자 → L_2 점등, 전동기는 △ 결선으로 운전(PB_0 누르면 전동기는 운전정지 및 L_2 소등)
- EOCR이 작동되면 모든 동작은 이루어지지 않고, OL 만 점등

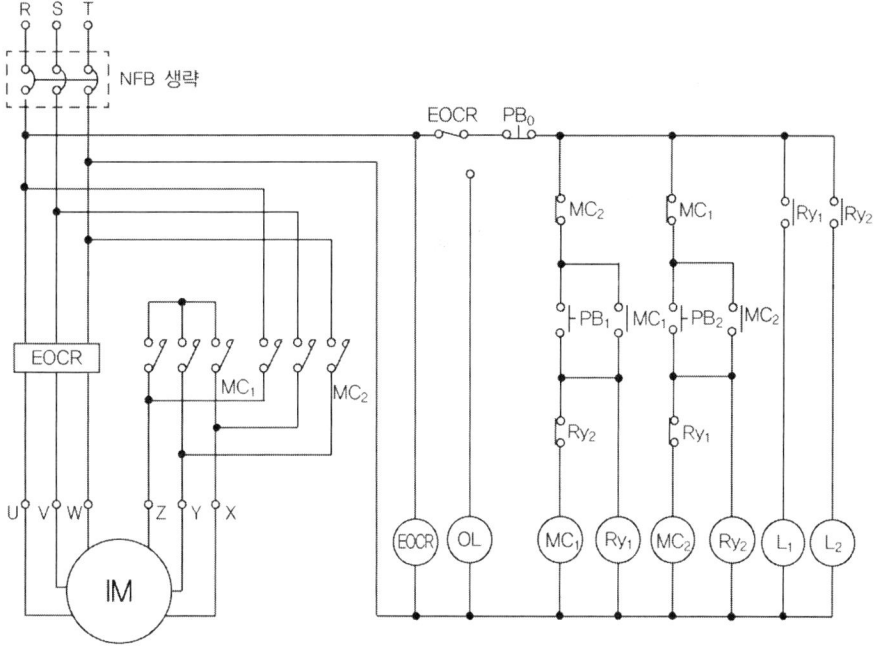

▲ 시퀀스 회로도

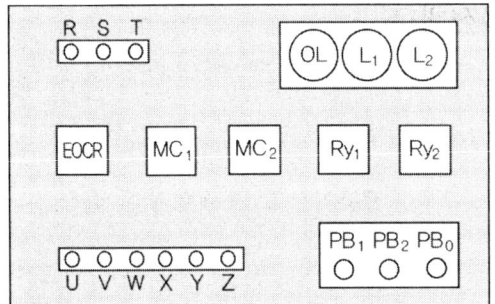

▲ 기구 배치도

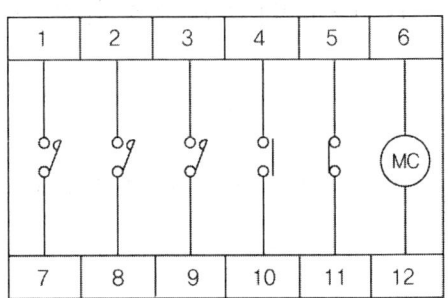

▲ 전자개폐기 내부 접속도

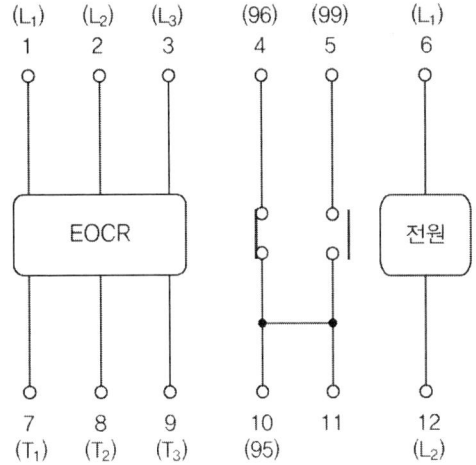

▲ EOCR 내부 접속도

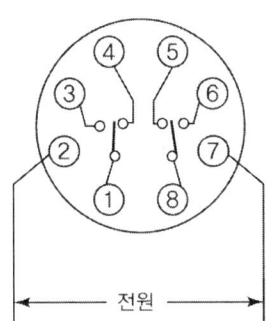

▲ 8핀 RELAY 내부 접속도

5) 타이머에 의한 전동기 정·역 운전회로

동작사항

- PB$_1$누르면 → T$_1$, MC$_1$ 여자 → RL 점등, 정방향으로 전동기 운전 → 수초 후 (설정시간이 되면) T$_1$의 한시접점들의 이동 → MC$_1$ 소자, RL 소등, MC$_2$ 여자 → 역방향으로 전동기 운전, GL 점등
- 운전 중 PB$_0$를 누르면 초기화되어 동작되는 것은 없음.
- EOCR이 작동되면 YL 점등, T$_2$가 여자 → 수초 후(설정된 시간이 되면) T$_2$의 한시 b 접점이 떨어져 YL 소등

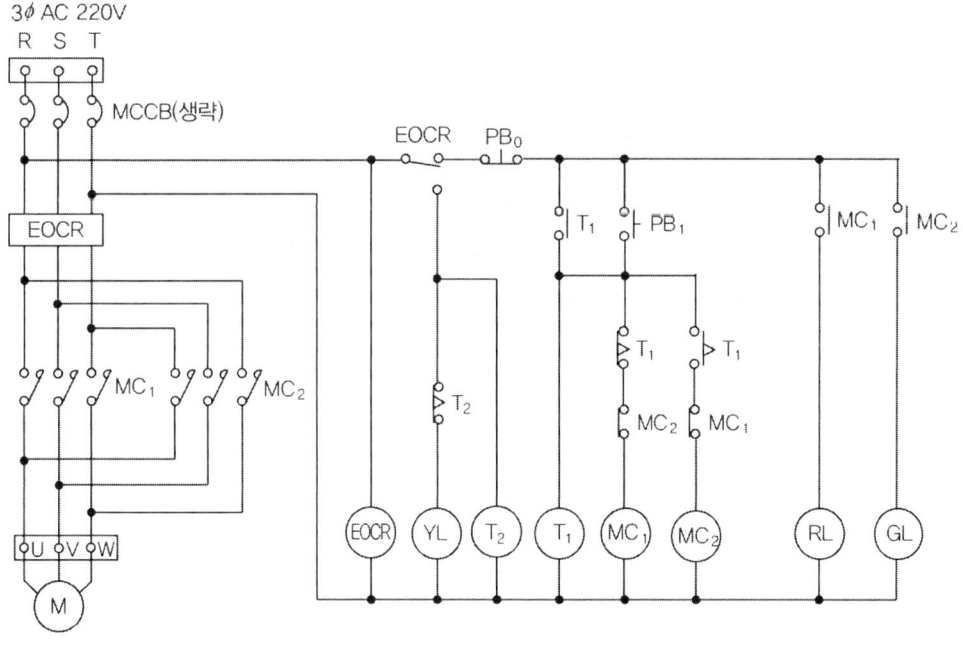

▲ 시퀀스 회로도

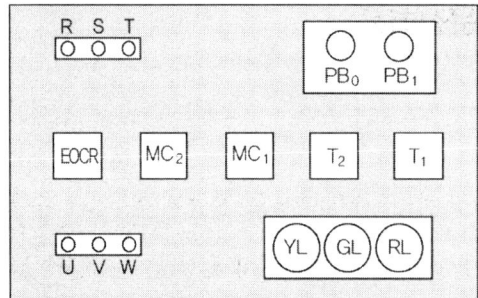

▲ 기구 배치도

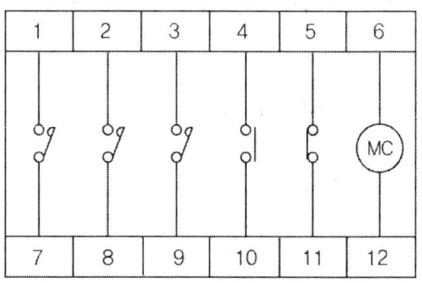

▲ 전자개폐기 내부 접속도

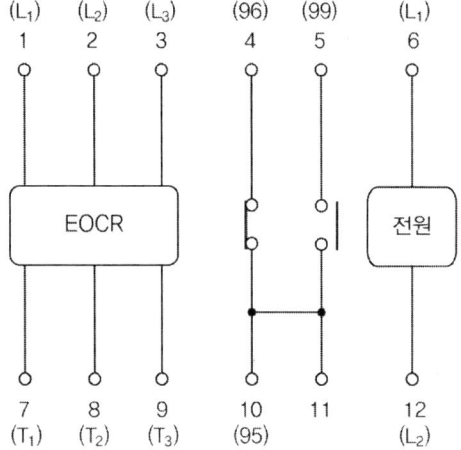

▲ EOCR 내부 결선도

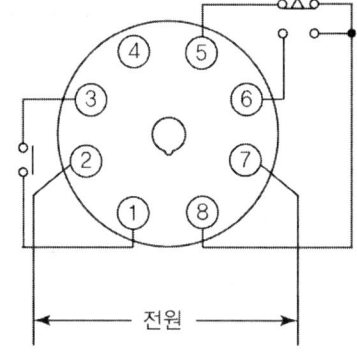

▲ Timer 내부 접속도

6) 푸시버튼에 의한 전동기 Y-Δ 운전회로

- PB_1 누르면 → MC_0 여자, GL 점등
- PB_2 누르면 → MC-Δ 여자, RL 점등, Δ 결선으로 전동기 운전(PB_0 누르면 전동기의 동작이 정지, RL 소등)
- PB_3 누르면 MC-Y 여자, WL 점등, Y 결선으로 전동기 운전(PB_0 누르면 전동기의 동작이 정지, WL 소등)
- EOCR 동작되면 → YL 점등

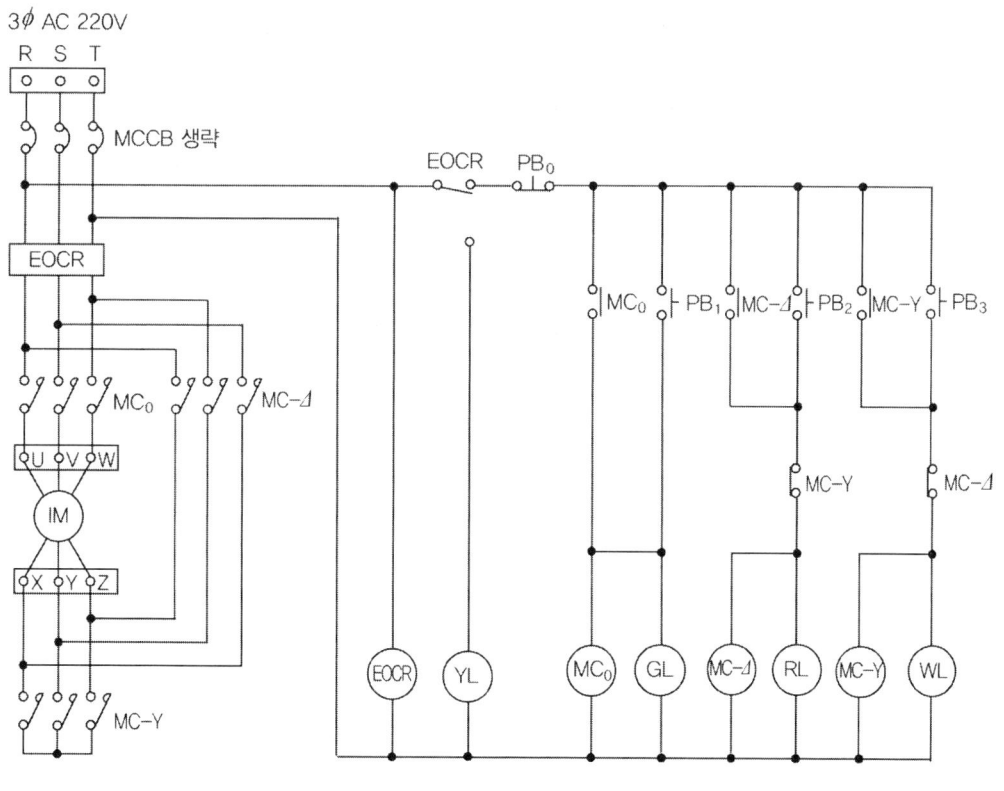

▲ 시퀀스 회로도

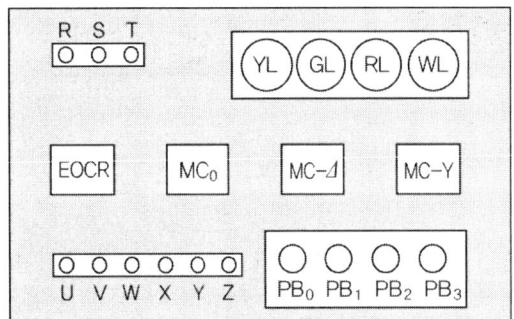

▲ 기구 배치도

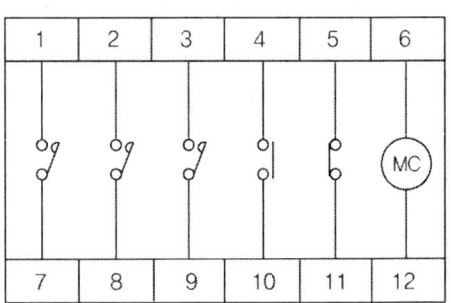

▲ 전자개폐기 내부 접속도

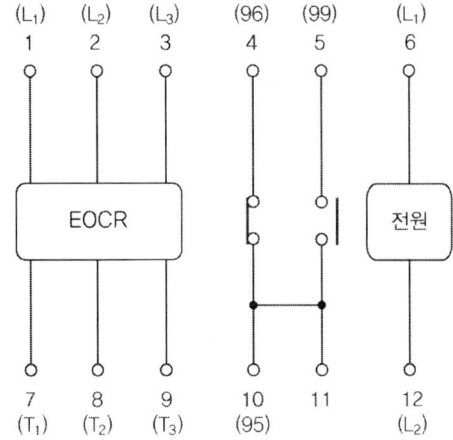

▲ EOCR 내부 결선도

2 행거롤러 취부작업 및 와이어로프 소켓에 삽입작업

1) 행거롤러 취부작업

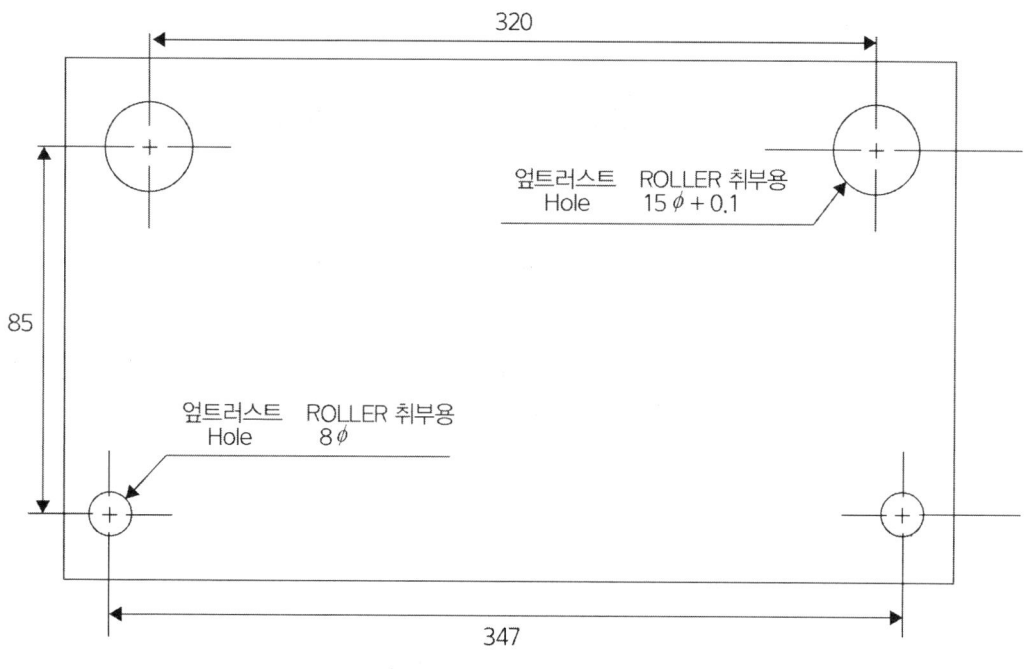

▲ 행거롤러 취부판

① 행거롤러를 먼저 취부하되 업트러스트(작은 롤러) 롤러 부착 쪽으로 최대한 가까이 가도록 한다. (행거롤러 및 업트러스트 롤러는 타원형으로 움직이므로 조절하면 가능하다.)

▲ 고정판에 행거롤러 고정 상태

② 업트러스트 롤러를 취부하고 바(bar)를 끼운 다음, 바(bar)를 움직일 때 롤러들이 움직이도록 적절히 업트러스트 롤러를 조절한다.

※ 바(bar)를 움직일 때 롤러들 사이에서 바(bar)가 빠지면 실격임.

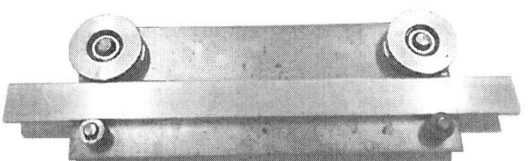

▲ 행거롤러 및 업트러스트 롤러 고정 상태 〈앞면〉

▲ 행거롤러 및 업트러스트 롤러 고정 상태 〈뒷면〉

2) 와이어로프 소켓에 삽입작업

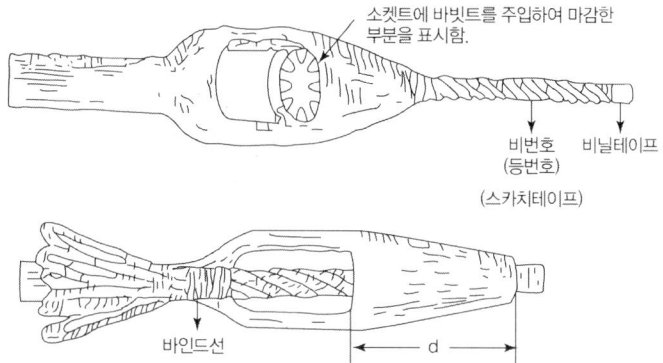

▲ 스트랜드의 끝단을 절곡하여 마감한 와이어로프 작업도면

① 로프가 들어가는 소켓 부분(위 그림의 d부분)의 2배가 되는 길이의 로프에 바인드선을 묶는다.

② 그림과 같이 로프를 풀은 다음 스트랜드를 8자 모양으로 꼬아 붙인다.

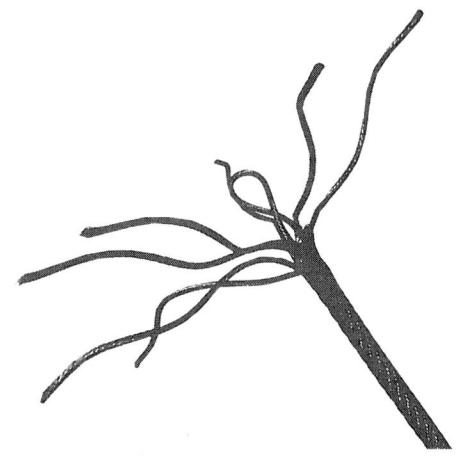

③ 그림과 같이 스트랜드를 8자 모양으로 모두 꼬아 붙인다.

④ 그림과 같이 삽입한다. 그런데 a의 부분은 5~10mm 정도되어야 한다.

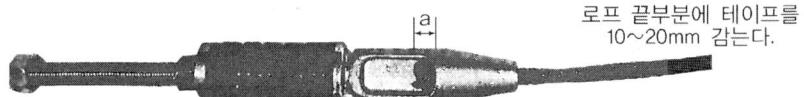

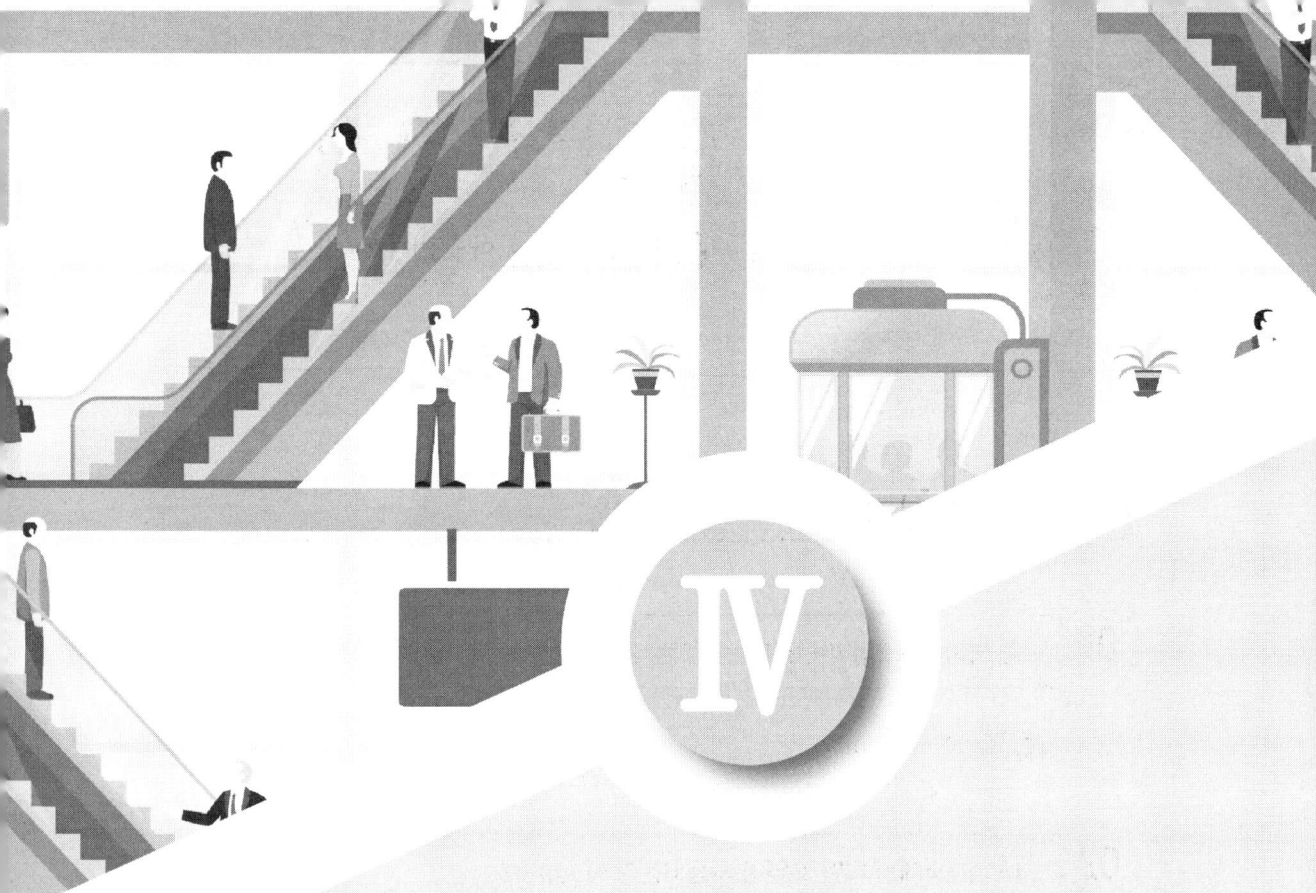

기사(산업기사) 출제 예상문제

제1장 단답형 문제(과년도 문제)
제2장 논리회로 및 불대수 문제
제3장 시퀀스 회로 문제

단답형 문제
(과년도 문제)

1 승강기 산업기사

01 E종 와이어로프의 파단강도는? (3점)

해설 $1320\text{N}/\text{mm}^2$

02 엘리베이터에는 어떤 꼬임이 사용되는가? (3점)

해설 보통 Z 꼬임

03 정격속도 60m/min, 적재하중 700kg, 오버밸런스율 40%, 전체효율 0.95인 엘리베이터의 용량은? (5점)

해설 $P = \dfrac{MVS}{6120 \times \eta} = \dfrac{700 \times 60 \times (1-0.4)}{6120 \times 0.95} ≒ 4.3\text{kw}$

04 정격하중 2,000kg, 카 자중 3,500kg, 승강행정 25m인 엘리베이터가 있다. 주로프는 1m당 1kg인 로프가 6줄 걸려있다. 오버밸런스율을 45%로 할 때 트랙션비를 구하여라. (단, 보상로프는 주로프와 같으며 전부하 조건) (5점)

해설 보상로프를 사용하는 경우 카가 최하층에 있는 경우
- 카 측 중량 = 카 자중+적재하중+로프하중
  = 3,500+2,000+(25×6) = 5,650kg
- 균형추 측 중량 = 카 자중+(L×F)+보상로프하중
  = 3,500+(2,000×0.45)+(25×6) = 4,550kg

∴ 트랙션비 = $\dfrac{5,650}{4,550} ≒ 1.24$

참고▶ 보상로프를 사용하지 않는 경우 빈 카가 최상층에서 있는 경우
- 카 측 중량 = 카 자중 = 3,500kg
- 균형추 측 중량 = 카 자중+(L×F)+주 로프하중
  = 3,500+(2,000×0.45)+(25×6)=4,550kg

$$\therefore 트랙션비 = \frac{4,550}{3,500} = 1.3$$

05 카 자중 1,500kg, 정격적재하중 1,000kg인 엘리베이터의 오버밸런스율이 45%일 때 균형추의 중량(kg)은? (5점)

해설 균형추 중량 = 카 자중+(정격적재하중×오버밸런스율)
= 1,500+(1,000×0.45)=1,950kg

06 주로프의 마모 및 파단상태에 관한 검사 사항의 ( )안에 적당한 말을 넣으시오. (5점)

기준	마모 및 파손상태
1구성 꼬임(스트랜드)의 1꼬임 피치 내에서 파단 수 (①) 이하	소선의 파단이 균등하게 분포되어 있는 경우
1구성 꼬임(스트랜드)의 1꼬임 피치 내에서 파단 수 (②) 이하	파단 소선의 단면적이 원래의 소선 단면적의 (③) 이하로 되어 있는 경우 또는 녹이 심한 경우
소선의 파단 총수가 1꼬임 피치 내에서 6꼬임 와이어로프이면 12 이하, 8꼬임 와이어로프이면 (④) 이하	소선의 파단이 1개소 또는 특정의 꼬임에 집중되어 있는 경우
마모되지 않은 부분의 와이어로프 직경의 (⑤) 이상	마모 부분의 와이어로프의 지름

해설 ① 4 ② 2 ③ 70% ④ 16 ⑤ 90%
부속서 Ⅳ 로프의 마모 및 파손상태에 대한 기준

07 주로프의 직경이 12mm이다. 권상기의 시브 직경은 얼마 이상되어야 하는가? (3점)

해설 시브직경은 주로프 직경의 40배이므로 D = 12×40배 = 480mm

08 기어 감속비 49:2, 도르래 지름 540mm, 전동기 입력 주파수(f) 45Hz, 극수(P) 4, 전동기의 회전수 슬립(s)이 4%일 때 엘리베이터의 정격속도(V)[m/min]는? (5점)

해설 $N = \dfrac{120f}{P}(1-S) = \dfrac{120 \times 45}{4}(1-0.04) = 1,296\text{rpm}$

$V = \dfrac{\pi DN}{1,000} \times a = \dfrac{3.14 \times 540 \times 1,296}{1,000} \times \dfrac{2}{49} \fallingdotseq 90\text{m/min}$

09 다음의 승강기 부운전원 방식에 대하여 설명하시오. (6점)
(1) 군관리 방식　　　(2) 군승합 전자동식　　　(3) 승합 전자동식

해설 ① 군관리 방식 : 엘리베이터가 3~8대 병설될 때, 각각의 카를 효율적으로 운행·관리하는 방식이다. 출퇴근 시, 점심시간 처럼 피크수요시간 등 특정 층의 혼잡을 자동으로 판단하고, 교통 수요의 변화에 따라 카의 운전 내용을 변화시켜서 적절히 배치한다. 각 층에 층표시기가 없으며 홀랜턴이 있어 홀랜턴의 신호로 이용할 엘리베이터의 도착 정보를 알 수 있다.

② 군승합 전자동식 : 엘리베이터 2~3대가 병설되었을 때 주로 사용되는 방식으로써 1대의 승강장 부름에 1대의 카만 응답하여 필요 없는 운전을 줄인다. 일반적으로 부름이 없을 때는 다음 부름에 대비하여 분산 대기한다.

③ 승합 전자동식 : 승강장의 누름 버튼을 상·하 2개가 있고 동시에 기억시킬 수 있다. 카 진행 방향의 누름 버튼과 승강장의 누름 버튼에 응답하면서 오르고 내린다. 1대의 승용 엘리베이터는 이 방식을 채용하고 있다.

10 정격속도 90m/min인 엘리베이터에서 추락방지안전장치 작동을 위한 조속기의 속도는 얼마 이상이어야 하는가?

해설 과속조절기의 작동은 정격속도의 115%이므로
$V = 90 \times 1.15 = 103.5\text{m/min}$

11 꼭대기 틈새에 대해서 설명하시오. (5점)

해설 카가 최상층 정위치에 있을 때 카 천장과 승강로 천장까지의 수직거리를 말한다.

12. 가이드 레일을 결정하는 3요소를 쓰시오. (6점)

해설 ① 안전장치가 작동했을 때 좌굴하지 않는지에 대한 점검
② 지진 발생 시 레일의 휘어짐이 한도를 넘거나, 레일의 응력이 탄성한계를 넘으면 카 또는 균형추가 레일에서 벗어나지 않는지에 대한 점검
③ 불균형한 큰 하중을 적재 시 또는 그 하중을 올리고 내릴 때 카에 큰 회전 모멘트가 걸리는데, 레일이 지탱할 수 있는지에 대한 점검

13. 다음 내용을 트랙션 능력의 크기순으로 나열 하시오. (3점)
• 언더컷 홈   • V 홈   • U 홈

해설 V 홈 > 언더컷 홈 > U 홈

14. 승강기 도어 머신(도어 오퍼레이터) 전동기의 요구 조건 3가지를 쓰시오. (6점)

해설 ① 작동이 원활하고 정숙할 것
② 카 상부에 설치하기 위하여 소형 경량일 것
③ 가격이 저렴할 것

15. 로프의 미끄러짐이 쉽게 발생하는 경우 4가지를 쓰시오. (8점)

해설 ① 로프의 권부각이 작을수록 미끄러지기 쉽다.
② 카의 가속도와 감속도가 클수록 미끄러지기 쉽다.
③ 카 측과 균형추 측의 로프에 걸리는 장력비가 클수록 미끄러지기 쉽다.
④ 로프의 도르래 간의 마찰계수가 작을수록 미끄러지기 쉽다.

16. 트랙션식(Traction type) 권상기의 특징 3가지를 쓰시오. (6점)

해설 ① 균형추를 사용하므로 소요동력이 작다.
② 도르래를 사용하므로 승강행정에 제한이 없다.
③ 로프를 마찰로써 구동하므로 지나치게 감길 위험이 없다.

17 승강기 정격속도가 120m/min이고 제동거리가 1m인 승강기가 있다. 제동을 건 후 몇 초 후에 정지하는가? (3점)

해설 브레이크 제동시간 $t = \dfrac{120d}{V} = \dfrac{120 \times 1}{120} = 1(초)$

d : 제동거리(m), V : 분당 속도

18 균형추 측에도 추락방지안전장치를 설비해야 할 경우는? (3점)

해설 승강로 피트(pit) 하부가 통로나 사무실로 사용될 때

19 균형체인(Compensation Chain)을 설치하는 이유는? (3점)

해설 이동 케이블과 로프의 이동에 따라 변화하는 하중을 보상하여 견인비를 향상시키기 위해 설치한다.

20 균형추의 중량을 결정하는 식을 써보시오. (3점)

해설 균형추 중량=카 자중+(정격하중×오버밸런스율)

21 도어 인터록의 구조와 도어 인터록에 대하여 설명하시오. (4점)

해설 ① 구조
- 도어 록 : 카가 정지하고 있지 않는 층계의 승강장 문은 전용열쇠를 사용하지 않으면 열리지 않도록 하는 장치
- 도어 스위치 : 문이 닫혀있지 않으면 운전이 불가능하도록 하는 전기 스위치(장치)

② 동작설명 : 도어 록 장치가 확실히 걸린 후 도어 스위치가 들어가고, 도어 스위치가 끊어진 후 도어 록이 열리는 구조로 하는 것이다.

22 정전 등의 이유로 카가 정지 했을 때 도어를 개방하는데 필요한 힘은 얼마를 초과하지 않아야 하는가? (3점)

해설 300N
- 손으로 승강장문 및 카문을 열 수 있어야 하고, 그 힘은 300N을 초과하지 않아야 한다.

23 U 방식과 언더컷 방식은 각각 어떤 경우에 사용되며 어떤 시브에 사용되는지 설명하시오. (4점)

해설 ① U 방식 : 와이어로프의 권부각을 크게 하여 더블 랩 방식(고속용)에 사용된다.
시브는 U형 홈을 사용하며, 로프와의 면압이 작아 로프 수명은 길어지나, 마찰력은 작다.
② 언더컷 방식 : 중·저속용에 사용되며, 언더컷 홈을 사용한다.
U형보다 마모는 크지만, 마찰력이 커, 견인력이 뛰어나다.

24 승강기 종류 중 화재 시 소화 및 구조 활동에 적합하게 제작된 엘리베이터 명칭은? (3점)

해설 소방구조용(비상용) 엘리베이터

25 승강기용 전동기는 부하변동이 클뿐 아니라 기동, 가속, 정속, 정지를 반복하게 한다. 승강기용 전동기가 갖추어야 할 기술적인 조건 3가지는? (3점)

해설 ① 기동 토크가 클 것
② 기동 전류가 작을 것
③ 관성 모멘트가 작을 것

26 승객용 엘리베이터를 과부하로 사용할 경우 부하의 증대와 함께 예상되는 현상 3가지는? (6점)

해설 ① 와이어로프에 슬립이 발생한다.
② 와이어로프와 시브 사이에 마모가 심해진다.
③ 권상기에 무리한 힘이 가해져 수명이 빨라진다.

27. 문닫힘 안전장치의 종류를 나열하고 동작원리에 대해 설명하시오. (9점)

해설 ① 세이프티 슈(safety shoe) : 문의 선단에 이물질 검출장치를 설치하여 사람이나 물질이 접촉되면 도어의 닫힘은 중단되고 열린다.
② 광전장치 : 투광(投光)기와 수광(受光)기로 구성되며, 도어의 양단에 설치해 광선(beam)이 차단될 때 도어의 닫힘은 중단되고 열린다.
③ 초음파 장치 : 초음파로 승강장쪽에 접근하는 사람이나 물건(유모차, 휠체어 등)을 검출해, 도어의 닫힘을 중단시키고 열리게 한다.

28. 과속조절기(조속기)의 종류 3가지를 쓰시오. (3점)

해설 ① 디스크 형
② 플라이볼 형
③ 롤 세이프티 형

29. 록다운 추락방지안전장치 기능을 쓰시오. (5점)

해설 고층에 사용되는 엘리베이터는 로프의 중량 불평형을 보상하기 위해 카(car) 하부에서 균형추 하부에 보상로프를 설치하는데 그 로프를 지지하는 시브를 견고하게 설치하고 레일에 오름 방향 추락방지안전장치를 취부하여 카(car)의 추락방지안전장치가 작동 시, 로크다운(lock down) 추락방지안전장치를 동작시켜 균형추 로프 등이 관성으로 상승하는 것을 예방한다.
이 장치는 속도 210m/min 이상의 엘리베이터에 필요한 안전장치이다.

30. 보기에서 알맞은 단어를 골라 빈칸에 채우시오. (4점)

◀보기▶   마찰력, 마모, 수명, 열화

로프에 기름을 적당히 급유하면 소선과 소선 꼬임 사이에 스며들어서 마찰을 줄여 (①)를 적게 하고 중심부터 (②)를 지연시켜 녹의 발생을 막는 등의 효과가 있으므로, 로프의 (③)을 늘리는 결과가 된다. 그러나 지나친 경우 도르래의 (④)을 저하시켜 슬립을 일으킬 수 있다.

해설 ① 마모 ② 열화 ③ 수명 ④ 마찰력

31

선형 특성을 갖는 에너지 축적형 완충기에 대한 사항이다. ( ) 안에 적합한 말을 써 넣으시오. (5점)

> (1) 완충기의 가능한 총 행정은 정격속도의 (①)%에 상응하는 중력 정지거리의 (②)배 (0.135v^2m) 이상이어야 한다. 다만, 행정은 (③)mm 이상이어야 한다.
> (2) 완충기는 카 자중과 정격하중(또는 균형추의 무게)을 더한 값의 (④)배 와 (⑤)배 사이의 정하중으로 (1)에 규정된 행정이 적용되도록 설계되어야 한다.

해설 ① 115 ② 2 ③ 65 ④ 2.5 ⑤ 4

32

반복하중을 받고 있는 인장강도 60kg/mm^{2}의 연강봉이 있다. 허용응력을 20kg/mm^{2}로 할 때 안전율은 얼마인가? (3점)

해설 안전율 $= \dfrac{\text{인장강도}}{\text{허용응력}} = \dfrac{60}{20} = 3$

33

500kg의 응력이 작용하고 있는 재료의 변형률이 0.5이다. 탄성계수값 kg/cm^{2}은? (3점)

해설 $E = \dfrac{\sigma}{\epsilon} = \dfrac{500}{0.5} = 1{,}000 \text{kg/cm}^2$

34

오픈 벨트에서 중심거리 3m, 원동차의 지름 0.4m, 피동차의 지름 0.6m일 때, 벨트의 길이 (L)는 몇 m인가? (5점)

해설
$L = 2l + \dfrac{\pi}{2}(D_2 + D_1) + \dfrac{(D_2 - D_1)^2}{4l}$
$= 2 \times 300 + \dfrac{3.14(60+40)}{2} + \dfrac{(60-40)^2}{4 \times 300} ≒ 757\text{cm} ≒ 7.6\text{m}$

35. 아래 보기의 각 사항에 대하여 답하시오. (8점)

◀보기▶
- 적재하중(L) : 1000kg
- 전동기 극수(P) : 4극
- 권상기 시브 지름(D) : 480mm
- 오버밸런스율(OB) : 40%
- 전동기 효율(η) : 0.9
- 카하중 : 2350kg
- 주파수(f) : 60Hz
- 권상기의 기어비 : 1.45
- 회전자 슬립 : 5%

(1) 전동기의 회전자속도를 구하면?
(2) 엘리베이터의 정격속도를 구하면?
(3) 엘리베이터의 전동기 용량을 구하면?
(4) 균형추의 중량을 구하면?

해설

(1) $N = \dfrac{120f}{P}(1-S) = \dfrac{120 \times 60}{4}(1-0.05) = 1710\,\mathrm{rpm}$

(2) $V = \dfrac{\pi DN}{1000} \times i = \dfrac{3.14 \times 480 \times 1710}{1000} \times 1.45 \fallingdotseq 3737.10\,\mathrm{m/min}$

(3) $P = \dfrac{LV(1-S)}{6120\eta} = \dfrac{1000 \times 3737.10(1-0.40)}{6120 \times 0.90} \fallingdotseq 407.09\,\mathrm{kW}$

(4) 균형추의 중량 = 카의 자체 무게 + LF = 2350 + (1000 × 0.40) = 2750 kg

36. 주행 안내 레일(가이드레일)의 사용목적을 쓰시오. (5점)

해설 차체와 균형추의 승강로 평면 내의 위치를 규제하고, 차체의 자중이나 하중이 반드시 차체의 중심에 없기 때문에 기울어짐을 막아 준다. 그리고 정지장치가 작동했을 때 수직하중을 유지하기 위해 가이드 레일을 설치한다.

37. 승강기 설치 시 유의사항 5가지를 쓰시오. (5점)

해설
① 교통량 계산을 하여 그 빌딩의 교통 수요에 적합한 충분한 대수일 것
② 이용자의 대기시간이 허용치 이하가 되도록 고려 할 것
③ 여러대를 설치할 경우 가능한 건물 가운데로 배치할 것
④ 교통 수요에 따라 시발층을 어느 하나의 층으로 할 것
⑤ 군관리 운전을 할 경우에는 서비스층은 최상층과 최하층을 일치시킬 것

38 도어 인터록의 구성과 동작사항을 설명하시오. (3점)

해설 ① 구성 : 도어록과 도어 스위치
② 동작사항 : 도어록 장치가 확실히 걸린 후 도어 스위치가 들어가고, 도어 스위치가 끊어진 후, 도어록이 열리는 구조이어야 한다.

39 트랙션 능력 확보를 위해 검토할 사항 4가지를 쓰시오. (8점)

해설 ① 와이어로프의 권부각이 작으면 미끄러지기 쉽다.
② 와이어로프와 도르래의 마찰계수는 홈의 형상 선정에 좌우된다.
③ 카 측과 균형추 측의 장력비
④ 카의 가속도 및 감속도

40 엘리베이터의 승객수가 20명, 일주시간이 30초일 때, 이 엘리베이터의 5분간 수송능력은? (3점)

해설 1대의 5분간 수송능력 $= 5 \times 60 \dfrac{N}{RTT} = 5 \times 60 \times \dfrac{20}{30} = 200$명

41 3상 유도 전동기 토크 곡선에 나타난 토크의 종류 3가지를 쓰시오. (3점)

해설 ① 기동 토크 ② 최대 토크 ③ 전부하(정격) 토크 ④ 무부하 토크

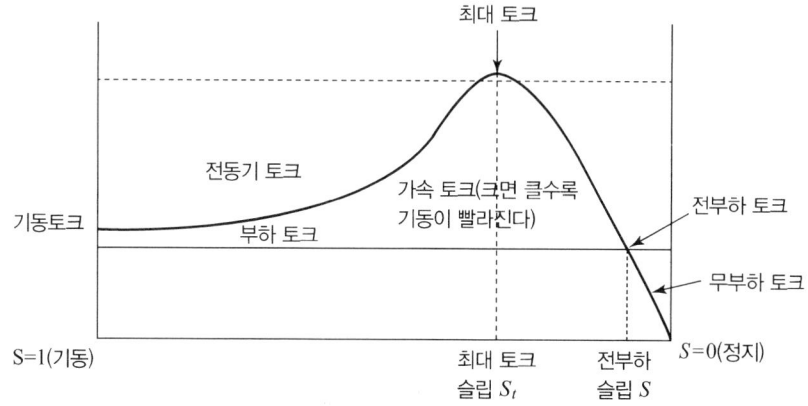

42 승강기에 설치된 안전장치의 종류에 대한 설명을 하시오. (6점)

해설 ① 리미트 스위치 : 엘리베이터가 운행 시 최상·최하층을 지나치지 않도록 하는 장치로서 카를 감속 제어하여 정지시킬 수 있도록 배치되어 있다.
② 과속조절기 : 카와 같은 속도로 움직이는 과속조절기 로프에 의해 회전되어 항상 카의 속도를 감지하여 그 속도를 검출하는 장치이다.
③ 추락방지안전장치 : 과속 또는 매다는 장치가 파단될 경우 주행안내 레일 상에서 카, 균형추 또는 평형추를 하강 방향에서 정지시키고 그 정지 상태를 유지하기 위한 기계적 장치
④ 전자-기계 브레이크 : 3상 유도 전동기의 정격속도로 정격하중 125%을 싣고 하강 방향으로 운행될 때 구동기를 정지시킨다.
⑤ 비상 통화 장치 : 고장, 정전 및 화재 등의 비상 시에 카 내부에서 외부의 관계자와 연락이 되고, 또 반대로 구출작업 시 외부에서 카내의 사람에게 당황하지 않도록 적절한 지시를 하는 데 사용되는 장치이다.
⑥ 완충기 : 스프링 또는 유체 등을 이용하여 카, 균형추 또는 평형추의 충격을 흡수하기 위한 제동수단

43 카가 완전히 압축된 완충기 위에 있을 때 피트의 피난공간에 적합한 내용을 ( ) 안에 넣으시오. (6점)

- 피트에는 아래 표에 따라 충분한 피난공간이 (①)개 이상 있어야 한다.
- 피트 바닥과 카의 가장 낮은 부품 사이의 수직거리는 (②) 이상이어야 한다.

[피트의 피난공간 크기]

유형	자세	그림	피난공간 크기	
			수평 거리(m×m)	높이(m)
1	서 있는 자세		0.4×0.5	2
2	웅크린 자세		0.5×0.7	1
3	누운 자세		0.7×1	0.5

※ 기호 설명 : ① 검은색 ② 노란색 ③ 검은색

해설 ① 1개 ② 0.5m

44 권동식 주로프의 본수는 얼마인가? (3점)

해설 2본 이상

45 기계실 작업구역에서 유효 높이는 몇 m 이상이어야 하는가? (3점)

해설 2.1m 이상

46 도어머신(도어 오퍼레이터)이 갖추어야 할 구비조건 3가지를 쓰시오. (6점)

해설 ① 동작이 원활하고, 조용하여야 한다.
② 카 위에 부착시키므로 소형이고, 가벼워야 한다.
③ 가격이 저렴해야 한다.

47 직류 전동기의 속도 제어 방법 3가지를 쓰시오. (6점)

해설 ① 전압제어 ② 계자제어 ③ 저항제어

48 승강기의 정의에 대하여 설명하시오. (3점)

해설 "승강기"란 건축물이나 고정된 시설물에 설치되어 일정한 경로에 따라 사람이나 화물을 승강장으로 옮기는 데에 사용되는 시설로서, 엘리베이터, 에스컬레이터, 휠체어리프트 등을 말한다.

49 장애인용 승강기 조작반의 높이는? (3점)

해설 바닥에서 0.8m 이상 1.2m 이하

50
승강기 정격속도가 120m/min이고 제동거리가 1m인 승강기가 있다. 제동을 건 후 몇 초 후에 정지하는가? (3점)

해설 $t = \dfrac{120d}{V} = \dfrac{120 \times 1}{120} = 1(\text{초})$

51
난간폭 1,200형 에스컬레이터에서 스텝면의 수평투영면적이 10m²일 때 구조물이 받는 하중은 얼마인가? (3점)

해설 $G = 270\sqrt{3}\ W = 270A = 270 \times 10 = 2700\,\text{kg}$

52
정격하중 1150kg, 카 자중 2200kg, 상부체대의 스팬길이 1800mm인 것을 2개 사용하고 있다. 상부체대 1개의 단면계수가 153cm³이고 파단강도가 4100kg/cm²라고 하면 상부체대의 안전율은 약 얼마인가?

해설 상부체대의 안전율 구하기

최대 모멘트 $M = \dfrac{(P+Q)L}{4} = \dfrac{(2200+1150) \times 180}{4} = 150{,}750\,\text{kg}\cdot\text{cm}$

응력 $\sigma = \dfrac{M}{Z} = \dfrac{150{,}750}{2 \times 153} = 492.6\,\text{kg/cm}^2$

여기서, Z : 단면계수, 상부체대는 스팬을 2개 사용했다.

그러므로 안전율 S.F $= \dfrac{\text{파단강도}}{\text{응력}} = \dfrac{4100\,\text{kg/cm}^2}{492.6\,\text{kg/cm}^2} = 8.3$

53
역률 80%인 부하의 유효전력이 80kW이면 무효전력은 몇 kVar인가? (3점)

해설 $P = VI\cos\theta(\text{W})$에서 $VI = \dfrac{P}{\cos\theta} = \dfrac{80}{0.8} = 100\,\text{kVA}$

$Pr = VI\sin\theta = 100 \times 0.6 = 60\,\text{kVar}$

54
스퍼 기어에서 각각 $Z_1 = 40$, $Z_2 = 50$개인 기어에서 N_1이 500rpm으로 회전할 때 N_2의 회전수는 얼마인가? (3점)

해설 $i = \dfrac{Z_1}{Z_2} = \dfrac{N_2}{N_1}$에서 $N_2 = \dfrac{Z_1}{Z_2} \times N_1 = \dfrac{40 \times 500}{50} = 400\,\text{rpm}$

55
승객의 구출 및 구조를 위한 비상구 출문이 천장에 있는 경우 비상구 출구의 크기는? (3점)

해설 0.4m×0.5m 이상

56
카의 비상등은 1m 떨어진 수직면상에서 몇 lx 이상되어야 하는가? (3점)

해설 5 lx 이상

57
소방 스위치는 승강장 바닥 위로 얼마 이내에 위치해야 하는가? (3점)

해설 1.4m~2.0m에 설치하고 비상용 엘리베이터 알림표지를 부착해야 한다.

58
소방구조용(비상용) 엘리베이터 보조 전원 공급장치는 얼마 이내에 전력 용량을 자동으로 발생시켜야 하며, 얼마 이상 운행시킬 수 있어야 하는가? (3점)

해설 60초 이내에 자동으로 발생시켜야 하며, 2시간 이상 운행 가능해야 한다.

59
다음의 점진적 작동형 추락방지안전장치에 대하여 설명하시오. (6점)

(1) F.G.C(Flexible Guide Clamp)형
(2) F.W.C(Flexible Wedge Clamp)형

해설

FGC	• 레일을 죄이는 힘이 동작에서 정지까지 일정하다. • 구조가 간단하고 복귀가 쉬워 널리 사용된다.
FWC	• 레일을 죄이는 힘이 동작 초기에는 약하나 점점 강해진 후 일정하다. • 구조가 복잡하여 거의 사용하지 않는다.

[F·G·C 점차 작동형]　　[F·W·C 점차 작동형]

60 주 로프의 직경이 12mm일 때 마모 부분의 와이어 로프의 지름은 마모되지 않은 부분의 와이어로프 직경의 몇 % 이상이어야 하는가?

해설 90% 이상

61 그림과 같은 유압회로의 명칭은?

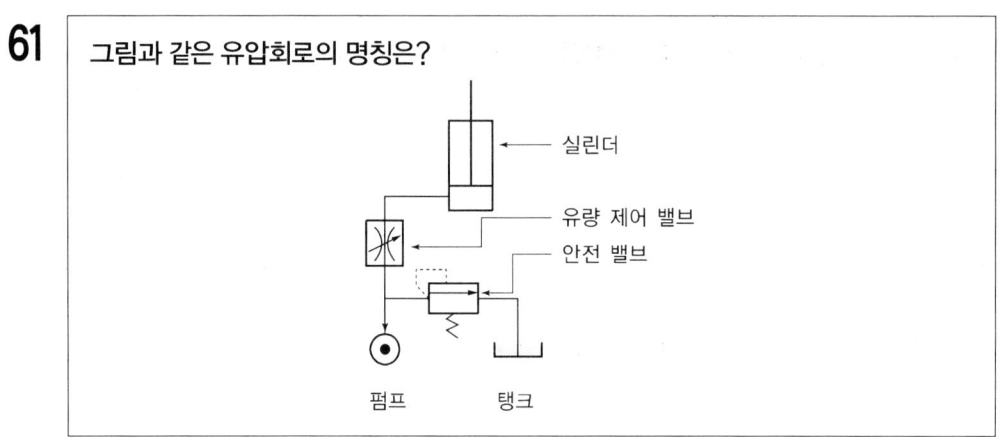

해설 미터인(meter-in) 회로

62 구동기가 승강로에 위치하고, 정격속도가 1.75m/s 이하인 경우로서 행정안전부장관이 안전성을 확인한 경우에 한정하여 공칭 직경 (①)mm의 로프가 허용되며, 최소 가닥수는 (②)가닥 이상이어야 한다.

해설 ① 6   ② 2

63 동력전원 설비용량 산정 시 고려해야 할 사항 5가지를 기술하시오.

해설 ① 전압강하 ② 전압강하 계수 ③ 주위온도 ④ 가속전류 ⑤ 부동률

64 카 자중 1,400kg, 정격하중 1,000kg인 엘리베이터의 오버밸런스율을 48%로 취하면 균형추의 중량은 몇 kg인가?

해설 1400+(1000×0.48)=1880kg
균형추의 중량=카 자중+(정격하중×오버배런스율) = $P+(L \times F)$

65

추락방지안전장치의 정지력과 정지거리와의 관계를 나타낸 그래프이다. 추락방지안전장치의 종류를 기술하시오.

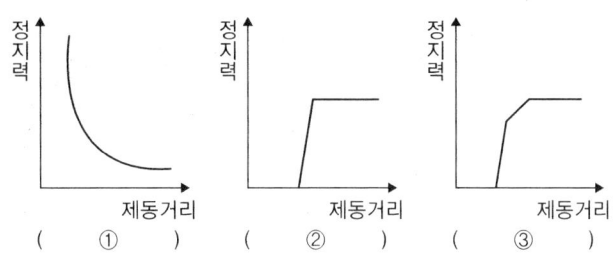

해설 ① 즉시 작동형   ② FGC 점차작동형   ③ FWC 점차작동형

종류		동작 특징	사용처
즉시 작동형(Slake Rope Safety) (롤러식 추락방지안전장치)		레일을 감싸고 있는 블록과 레일 사이에 롤러를 물려서 카를 즉시 정지시키는 구조이다.	1m/s 이하 유압식 EL
점차작동형 추락방지 안전장치	FGC (Flexible Guide Clamp)	레일을 죄는 힘이 동작에서 정지까지 일정하다. 구조가 간단하고 복귀가 쉬워 널리 사용된다.	1m/s 초과 중·고속 EL
	FWC (Flexible Wedge Clamp)	레일을 죄는 힘이 동작 초기에는 약하나 점점 강해진 후 일정하다. 구조가 간단하고 복귀가 쉬워 널리 사용된다.	

66

에너지 분산형 완충기가 설치된 승강로에 카에 정격하중을 싣고 정격속도의 115%의 속도로 자유 낙하하여 완충기에 충돌할 때, 평균 감속도는 $1g_n$ 이하이어야 하며, (①)g_n를 초과하는 감속도는 (②)초보다 길지 않아야 한다.

해설 ① 2.5   ② 0.04

67

엘리베이터 승강로는 다음 구분 중 어느 하나에 의해 주위와 구분되어야 한다.

(①) 또는 (②)의 벽, 바닥 및 천장, 충분한 공간

해설 ① 불연재료   ② 내화구조

68
다음 빈칸에 와이어로프의 꼬임의 종류를 쓰시오.

(①)   (②)   (③)   (④)

해설 ① 보통 Z 꼬임   ② 보통 S 꼬임   ③ 랭 Z 꼬임   ④ 랭 S 꼬임

69
주로프 12mm일 때 지진 발생 시 로프가 도르래에서 벗겨질 가능성에 대비한 로프 홈 깊이의 조건에 대하여 빈칸을 채우시오. (단, d는 로프 직경)

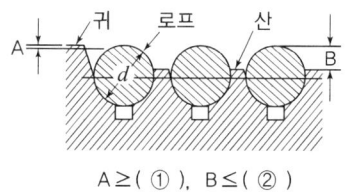

A ≥ (①), B ≤ (②)

해설 ① 0   ② $d/2$

70
1200형, 경사도 8°로 설치된 무빙워크의 수평투영면적인 20m²일 때 무빙워크의 적재하중은 몇 kg인가?

해설 [270A를 적용할 경우]
구조물에 받는 하중 $G = 270 \times A = 270 \times 20 = 5400\,kg$

71
엘리베이터가 운행 시 보통의 감속장치와는 별개로 승강로의 상부와 하부에 설치되어 카가 최상층과 최하층을 지나쳐 운행될 경우 카 상부와 카 하부에 카가 부딪치지 않도록 안전하게 정지시키는 역할을 하는 독립적인 장치를 쓰시오.

해설 파이널 리미트 스위치

72

다음은 소방구조용 엘리베이터 알림표지이다. 빈칸을 채우시오.

[소방구조용 엘리베이터의 알림표지]

구 분		기 준
색상	바탕	(①)
	그림	(②)
크기	카 조작 반	20mm×20mm
	승강장	100mm×100mm

해설 ① 적색 ② 흰색

73

다음은 에스컬레이터의 구동체인 안전장치의 조립도이다. 그림을 보면서 이 장치의 작동 방법을 간단히 설명하시오.

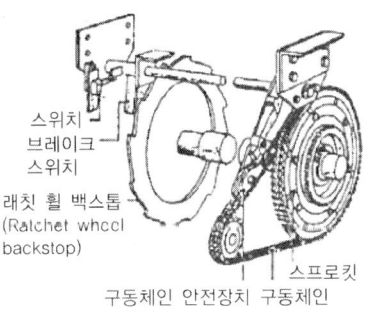

해설 구동기와 주 구동장치 사이에 구동체인을 감아 운전하며, 구동체인 위에 항상 문지름판이 접촉하면서 구동체인의 늘어짐을 감지하여 체인이 느슨해지거나 끊겼을 경우 슈가 떨어지면서 브레이크 래치가 브레이크 휠에 걸려 주 구동장치의 하강 방향의 회전을 기계적으로 제지한다. 또한, 안전 스위치를 설치하여 안전장치의 동작과 동시에 전원을 차단한다.

74

정격속도 90m/min인 승객용 엘리베이터의 감속시간이 0.4초일 때 카 측 완충기의 평균 감속도는 몇 g_n인가?

해설
- 완충기에 충돌하는 속도

$$V_s = 1.15 \times V = 1.15 \times 1.5 = 1.725 \text{m/s} \quad \text{여기서, } 90\text{m/min} = 1.5\text{m/s}$$

- 완충기의 평균 감속도

$$\beta = \frac{\Delta V}{\Delta t} = \frac{(1.725-0)}{0.4 \times 9.8} = 0.44 g_n$$

75

승객용 엘리베이터의 바닥면적이 가로 1.6m, 세로 1.5m인 경우 아래 표를 참조하였을 때 최대정원은 몇 인승인가?

[정격하중 및 최대 카 유효 면적]

정격하중, 무게(kg)	최대 카 유효 면적(m²)	정격 하중, 무게(kg)	최대 카 유효 면적(m²)
100⁽ᵍᵃ⁾	0.37	900	2.20
180⁽ⁿᵃ⁾	0.58	975	2.35
225	0.70	1,000	2.40
300	0.90	1,050	2.50
375	1.10	1,125	2.65
400	1.17	1,200	2.80
450	1.30	1,250	2.90
525	1.45	1,275	2.95
600	1.60	1,350	3.10
630	1.66	1,425	3.25
675	1.75	1,500	3.40
750	1.90	1,600	3.56
800	2.00	2,000	4.20
825	2.05	2,500⁽ᵈᵃ⁾	5.00

비고
1. 정격하중 100⁽ᵍᵃ⁾ kg은 1인승 엘리베이터의 최소 무게
2. 정격하중 180⁽ⁿᵃ⁾ kg은 2인승 엘리베이터의 최소 무게
3. 정격하중이 2,500⁽ᵈᵃ⁾ kg을 초과한 경우, 100kg 추가마다 0.16m²의 면적을 더한다.
4. 수치 사이의 중간 하중에 대한 면적은 보간법으로 계산한다.

해설 카 내부 최대유효면적은 1.6×1.5=2.4m²이므로 표에서 찾으면 정격하중은 1000kg 이다.

$$정원 = \frac{정격하중}{75} = \frac{1000}{75} = 13.333$$

∴ 최대정원은 13.3인승에서 소숫점 이하를 버리면 13인승이다.

76

사이리스터를 사용하여 교류로 변환한 후 전동기에 공급하고, 사이리스터의 점호각을 변경하여 직류 전압을 바꿔 회전수를 조절하는 제어 방식은?

해설 정지 레오나드 제어 방식

77

적재하중 2,000kg, 카 자중 3,000kg, 정격속도 45m/min인 승객용 엘리베이터에 스프링 완충기 2개를 설치하고, 스프링 코일의 평균 지름 $D=170$mm이고, 소선 지름이 $d=35$mm일 때, 스프링의 전단응력은 약 몇 kg/mm²인가?

해설
- 스프링 1개에 가해지는 최대압축력

$$W = \frac{2(P+Q)}{2} = \frac{2 \times (2,000+3,000)}{2} = 5,000\,\text{kg}$$

- 스프링 전단응력

$$\tau = K\frac{8WD}{\pi d^3} = 1.32 \frac{8 \times (2000+3000) \times 170}{\pi \times 35^3} = 66.66\,\text{kg/mm}^2$$

※ 스프링 정수 $C = \dfrac{D}{d} = \dfrac{170}{35} = 4.86$

※ 응력 수정계수 $K = \dfrac{4C-1}{4C-4} + \dfrac{0.615}{C} = \dfrac{(4 \times 4.86)-1}{(4 \times 4.86)-4} + \dfrac{0.615}{4.86} = 1.32$

78

다음의 빈 칸을 채우시오.

소방구조용 엘리베이터는 정전 시에는 보조 전원공급장치에 의하여 엘리베이터를 (①)초 이내에 엘리베이터 운행에 필요한 전력용량을 자동으로 발생시키도록 하고, 수동으로 카를 작동시킬 수 있어야 한다. 또한, (②)시간 이상 운행시킬 수 있어야 한다.

해설 ① 60초   ② 2시간

79

VVVF 제어에 대해 다음의 빈칸에 알맞은 내용을 쓰시오.

유도 전동기에 공급하는 전원의 전압과 주파수를 동시에 제어함으로써 그 속도를 제어하는 방식을 말한다. 3상 교류 전원을 (①)에 의해 직류로 변환하고, 다음에는 이것을 (②)에 의해 다시 3상의 가변전압 가변주파수의 교류로 변환하여 (③)과/와 동등한 속도 제어를 하는 속도 제어 방식이다. 종합효율이 좋고 (④)가/이 작다.

해설 ① 컨버터   ② 인버터   ③ 직류 전동기   ④ 소비전력

80
회전자 속도를 N, 동기속도를 N_s 이라고 할 때 슬립(S)을 구하는 공식을 서술하시오.

해설 $S = \dfrac{N_s - N}{N_s} 100\%$

81
다음은 에스컬레이터의 공칭속도에 따른 정지거리의 표이다. 다음의 빈칸에 알맞은 내용을 쓰시오.

공칭속도 v	정지거리
(①)m/s	0.20m에서 1.00m 사이
0.65m/s	0.30m에서 1.30m 사이
0.75m/s	(②)m에서 (③)m 사이

해설 ① 0.50 ② 0.40 ③ 1.50

82
주행안내 레일(가이드 레일)의 설치목적 3가지를 서술하시오.

해설
① 카와 균형추의 승강로 평면내의 위치 규제
② 비상정지장치 작동 시 수직하중 유지
③ 카의 자중이나 편심 하중에 의한 카의 기울어짐 방지

83
오일이 실린더로 들어가는 곳에 설치하여 압력배관이 파손되었을 때 자동적으로 밸브를 닫아 카가 급격히 떨어지게 되는 것을 방지하는 밸브는?

해설 럽처 밸브(rupture valve)

84
전부하 시의 카가 최하층에 있을 때의 트랙션비를 서술하시오.?

- 카 자중 : 1,800kg
- 오버밸런스율 : 45%
- 로프 1본의 무게 : 0.674kg/m
- 정격하중 : 1,000kg
- 로프 : 12∅ 6본
- 행정 : 60m

해설 견인비는 카가 최하층에 있는 경우
- 카 측 중량 = 카 자중+적재하중+로프하중 = 1,800+1000+(60×6×0.674)
  = 3042.64kg
- 균형추 측 중량 = 카 자중+L×F = 1800+(1000×0.45) = 2250kg

∴ 트랙션비 = $\dfrac{\text{카 측 하중}}{\text{균형추 하중}} = \dfrac{3042.64}{2250} ≒ 1.35$이다.

85
엘리베이터 로프의 실제 로프 안전율(S_r)을 계산하고, 로프의 허용 안전율(S_f)이 16이라고 할 때 안전한지를 판단하여 서술하시오.

해설 $S_r \geq S_f \Rightarrow$ 안전

즉, 로프의 실제 로프 안전율(S_r)을 계산하고, 로프의 허용 안전율(S_f)과 비교하여 실제 안전율이 크면 안전하다고 판단한다.

86
무빙워크(수평보행기)의 경사각도는 (①)° 이하여야 하며, 에스컬레이터의 경사각도가 30° 이하 시의 공칭속도는 (②)m/s 이하, 35° 이하의 경우는 (③)m/s 이하이고, 공칭전압, 공칭주파수에서의 속도 범위는 ±(④)% 미만이여야 한다.

해설 ① 12 ② 0.75 ③ 0.5 ④ 5

87
승강기 시설 안전관리법 및 승강기 시설 안전관리법 시행령에 따라 승강기 자체 점검을 실시해야 하며, 승강기 검사 및 관리에 관한 운용요령의 내용의 점검항목 및 방법에 따라 자체 점검 결과에 따라 양호일 경우 (①), 요주의일 경우 (②), 요수리 및 긴급수리가 필요할 경우 (③)이다.

해설 ① A ② B ③ C

88
도어가 열려있을 경우 모든 제약이 해제되면 자동으로 문을 닫히게 하여 2차 재해를 방지하는 장치를 (①)라고 하며, 종류는 2가지로 (②)과/와 (③)가/이 있다.

해설
① 도어 클로저
② 스프링식
③ 중력식(웨이트식)

89 문 닫힘 안전장치의 종류를 3가지 쓰시오.

해설
- 접촉식 : 세이프티 슈
- 비접촉식 : 광전 장치, 초음파 장치

90 카의 가속 및 감속 시 미끄러짐이 발생하고 이에 대한 검사항목 3가지를 서술하시오.

해설 미끄러짐이 발생하는 원인인 도르래 및 관련부품의 마모, 도르래 홈 마모, 로프(벨트)의 마모, 로프 단말부의 고정 상태, 로프 간 장력 균등 상태 등을 검사항목으로 점검한다.

점검항목	점검내용	점검방법	점검주기
1.1.1.9 도르래	가) 도르래 및 관련 부품의 마모 및 노후 상태	육안	1/1
	나) 도르래 홈의 마모 상태	측정	1/3
1.4.1.1 로프(벨트)	가) 로프(벨트)의 마모 및 파단 상태	측정	1/3
	나) 로프(벨트) 단말부의 고정 및 설치 상태	육안	1/3
	다) 로프(벨트) 간 장력 균등 상태	시험	1/3

91 카 자중 1,000kg, 정격하중 1,000kg, 스프링 직경(D) 150mm, 소재의 직경(d) 30mm이다. 코일 스프링의 전단응력을 구하면?

해설 $\tau = K \dfrac{8WD}{\pi d^3}$

(K : 응력 수정계수, C : 스프링 정수, $C = \dfrac{D}{d} = \dfrac{150}{30} = 5$)

$K = \dfrac{4C-1}{4C-4} + \dfrac{0.615}{C} = \dfrac{4 \times 5 - 1}{4 \times 5 - 4} + \dfrac{0.615}{5} = 1.3105$

$\tau = 1.3105 \times \dfrac{8(1000+1000) \times 150}{\pi \times 30^3} = 37.08 \text{kg/mm}^2 = 3708 \text{kg/cm}^2$

92 다음은 장애인용 승강기의 안전기준이다. 괄호 안의 알맞은 내용을 기술하시오.

장애인용 승강기의 승강장 바닥과 승강기 바닥의 틈은 (①)mm 이하이어야 하고, 호출 버튼 및 조작반, 통화 장치 등 승강기의 안팎에 설치되는 모든 스위치의 높이는 바닥면으로부터 (②)m 이상 (③)m 이하의 위치에 설치되어야 한다.

해설 ① 30　② 0.8　③ 1.2

93　과부하 감지장치는 몇 % 이내에서 검출돼야 하는가?

해설 정격하중의 10% 초과(110% 이내)

94　과속조절기가 작동될 때, 과속조절기에 의해 발생되는 과속조절기 로프의 인장력은 다음 두 값 중 큰 값 이상이다.

> 추락방지안전장치가 작동 시 필요한 힘의 (①)배, (②)N 다음 두 값 중 큰 값 이상으로 한다.

해설 ① 2배　② 300N

95　전기식 엘리베이터 카측 주행안내 레일에 작용하는 지진하중이 1000kgf이고, 브라켓 간격이 200cm, 영률이 210×10⁴kgf/cm², 레일 단면 2차 모멘트가 180cm⁴일 때, 주행안내 레일의 휨은 약 몇 cm인가?

해설 주행안내 레일의 휨량

$$\delta = \frac{11}{960} \times \frac{P_x l^3}{E I x} = \frac{11}{960} \times \frac{1000 \times 200^3}{210 \times 10^4 \times 180} = 0.24 \text{cm}$$

96　카 틀의 구성요소를 3가지 설명하시오.

해설 ① 상부체대 : 일반적으로 로프를 매달아 놓는다.
② 하부체대 : 틀을 지지하고 추락방지 안전장치가 설치되어 있다.
③ 카주 : 상부체대와 카 바닥을 연결한다.

제IV편 기사(산업기사) 출제 예상문제

97 소방구조용(비상용) 엘리베이터의 비상시와 평상시에 대해 서술하시오.

해설 • 비상시
① 소방운전 시 모든 승강장의 출입구마다 정지할 수 있어야 한다.
② 크기는 630kg의 정격하중, 폭 1,100mm, 깊이 1,400mm 이상, 출입구 유효 폭은 800mm 이상이다.
③ 소방관 접근 지정층에서 문이 닫힌 이후부터 60초 이내에 가장 먼 층에 도착, 운행속도는 1m/s 이상이다.
④ 연속되는 상·하 승강장문의 문턱 간 거리가 7m 초과한 경우, 승강로 중간에 카문 방향으로 비상문이 설치되고, 승강장문과 비상문 및 비상문과 비상문의 문턱 간 거리는 7m 이하이다.
⑤ 소방운전 스위치는 승강장문 끝부분에서 수평으로 2m 이내에 위치되고, 승강장 바닥 위로 1.4m부터 2.0m 이내에 위치되어야 한다. 소방구조용 엘리베이터 알림표지가 부착된다.

• 평상시
– 승객용 엘리베이터로 사용된다.

98 출입문, 비상문 및 점검문은 수직면의 기계적 강도는 0.3m × 0.3m 면적의 원형이나 사각의 단면에 (①)N의 힘을 균등하게 분산하여 어느 지점에 수직으로 가할 때 (②)mm를 초과하는 탄성변형이 없어야 한다.

해설 ① 1,000 ② 15

99 적재하중 1000kg, 정격속도 90m/min, 오버밸런스율 50%, 종합효율 0.6%이라고 할 때 전기식 엘리베이터의 전동기 용량(kW)를 구하시오.

해설 유도 전동기 소요 출력
$$P = \frac{LVS}{6120\eta} = \frac{1,000 \times 90 \times (1-0.5)}{6120 \times 0.6} = 12.25\,\text{kW}$$

100 수직 개폐식 승강장문 및 카문의 문짝은 2개의 독립된 현수 부품에 의해 고정되어야 하며, 현수 로프·체인 및 벨트의 안전율은 (①) 이상으로 설계되어야 하고, 현수 로프 풀리의 피치 직경은 로프 직경의 (②)배 이상이어야 한다.

해설 ① 8 ② 25

101
엘리베이터에 비해 에스컬레이터의 장점을 3가지 기술하시오.

 ① 대기시간이 없고 연속적인 수송설비이다.
② 수송능력이 크다. (엘리베이터의 7~10배 정도)
③ 승강 중 주위가 오픈되므로 불안감이 적고, 주변 광고효과가 크다.
④ 건축적으로 점유면적이 적고, 건물에 걸리는 하중이 분산된다.
⑤ 수송량에 비해 점유면적이 작으며, 연속 운전되므로 전원설비에 부담이 적다.

102
소형화물용 엘리베이터의 기계실 높이는 (①)m 이상이어야 하며, 출입문 개구부의 크기는 (②)m × (③)m 이상이어야 하고, 다만, 기계실의 크기가 규정된 규격 이상의 점검문을 허용할 수 없는 경우 개구부는 부품의 교체가 가능한 크기이어야 한다.

 ① 1.8
② 0.6
③ 0.6

103
카가 운전 시 최상층 및 최하층을 지나쳐서 충돌하는 것을 방지하기 위해 최상층과 최하층에 리미트 스위치를 설치하며, 이 스위치나 감속 제어장치 고장이나 리미트 스위치가 작동되지 않을 때 천장이나 피트 바닥에 충돌하는 것을 방지하기 위하여 반드시 설치하는 이것은 무엇인가?

 파이널 리미트 스위치

104
도어클로저의 역할과 기능에 관해서 서술하시오.

 • 역할 : 승강장 도어가 열려 있을 시 자동으로 닫히게 하는 장치이다.
• 기능 : 도어가 열려 있을 경우 모든 제약이 해제되면 자동으로 문을 닫히게 하여 2차 재해를 방지한다.

105
매다는 장치의 구성에 의한 분류에 의해 매다는 장치의 형태의 종류에 대해서 2가지를 쓰시오. (예: 필러형 FI. 단, 예는 쓰지말 것)

• 실형 S
• 워링톤형 W

106 비선형 특성을 갖는 에너지 축적형 완충기는 카의 질량과 정격하중 또는 균형추의 질량으로 정격속도의 (①)%의 속도로 완충기에 충돌할 때의 다음 사항에 적합해야 한다. 감속도는 $1g_n$ 이하이어야 한다.

해설 115%

107 다음은 에스컬레이터의 공칭속도에 대한 설명이다. 괄호 안에 알맞은 내용을 쓰시오.

> 에스컬레이터 경사도 35° 이하인 경우에 공칭속도는 (①)m/s 이하이어야 한다.
> 에스컬레이터 경사도 30° 이하인 경우에 공칭속도는 (②)m/s 이하이어야 한다.

해설 ① 0.5
② 0.75

108 에스컬레이터의 한 종류로서, 평면형의 발판이 구동기에 의해 경사로 또는 수평로를 따라 운행되는 구조의 에스컬레이터의 명칭은 무엇인가?

해설 무빙워크(수평보행기)

109 카에는 정전으로 인해서 자동으로 재충전되는 비상전원공급장치에 의해 (①)lx 이상의 조도로 (②)시간 동안 전원이 공급되는 비상등이 있어야 한다.

해설 ① 5
② 1

110 가속 및 감속 구간을 제외하고 카의 주행로 중간에서 정격하중에 (①)%를 싣고 정격주파수와 정격전압이 공급될 때 상승 및 하강하는 카의 속도는 (②)% 이상 (③)% 이하이어야 한다.

해설 ① 50
② 92
③ 105

111
기계실·기계류 공간 및 풀리실에는 다음의 구분에 따른 조도 이상을 밝히는 영구적으로 설치된 전기조명이 있어야 한다. 주어진 항목의 조도를 쓰시오.

해설
- 작업공간의 바닥 면 : 200lx
- 작업공간 간 이동 공간의 바닥 면 : 50lx

112
다음의 그림은 유압식 엘리베이터에 사용되는 밸브의 회로도이다. 이 밸브들의 명칭을 쓰시오.

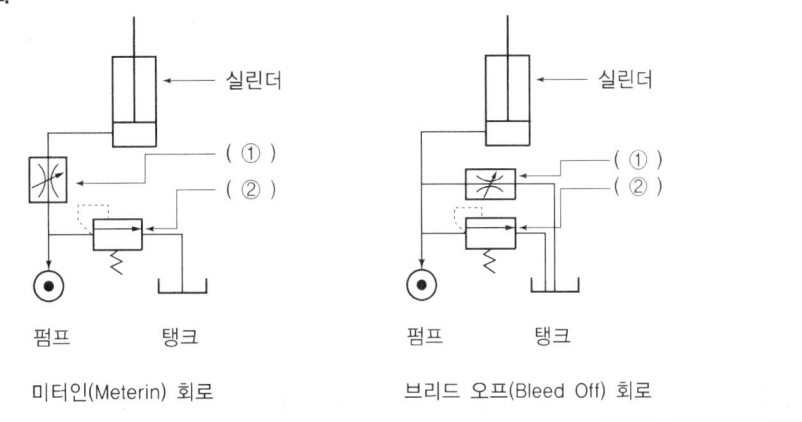

해설
① 유량 제어 밸브
② 안전 밸브

113
승강로에는 모든 출입문이 닫혔을 때 승강로 전 구간에 걸쳐 영구적으로 설치된 전기조명이 있어야 한다. 주어진 항목의 괄호 안의 빈칸에 조도 (   )lx를 쓰시오.

① 카 지붕에서 수직 위로 1m 떨어진 곳 : (   )lx
② 피트 바닥에서 수직 위로 1m 떨어진 곳 : (   )lx

해설 ① 50lx ② 50lx

114
승강로 하부에 위치한 공간의 보호에 따른 안전기준에 의거해 승강로 하부에 접근할 수 있는 공간이 있는 경우, 피트의 기초는 최소 (   )N/m² 이상의 부하가 걸리는 것으로 설계되어야 하고, 균형추 또는 평형추에 추락방지안전장치가 설치되어야 한다.

해설 5,000

115

다음의 조건에서 로프의 늘어난 길이(mm)를 구하시오.

- 적재하중(L) : 1,150kg
- 로핑 2:1
- ∅ 12×4본
- 종탄성계수(E) : 7000kg/mm²
- 카 자중(CAR) : 1,800kg
- 로프 길이(L) : 80m
- 로프의 단위중량 : 0.494kg/m
- 로프 단면적(A) : 113.10mm²

해설 로프의 늘어난 길이

$$S[\text{mm}] = \frac{P \times H}{k \times A \times N \times E} = \frac{(1150+1800) \times 80000}{2 \times 113.1 \times 4 \times 7000} = 37.26 \text{mm}$$

여기서, P : 로프에 걸리는 총중량(g)
H : 로프 길이
k : 로핑계수
A : 단면적(mm^2)
N : 로프 본수
E : 종탄성계수(kg/mm^2)

116

수전단 전압 375V, 송전단 전압 385V일 때 전압강하 비율은?

해설 전압강하율(%) = $\frac{\text{송전단 전압} - \text{수전단 전압}}{\text{수전단 전압}} \times 100$

$= \frac{385-375}{375} \times 100 = 2.67\%$

117

카의 과부하를 방지하기 위해 다음의 정격하중과 최대 카의 유효 면적 사이의 관계에 따라 제한되어야 한다. 다만, 자동차용 엘리베이터 및 주택용 엘리베이터는 다음과 같아야 한다. 주택용 엘리베이터인 소형 엘리베이터의 경우 카 바닥 소요면적은 (①)m²를 초과할 수 없으며, 자동차용 엘리베이터의 경우 카의 유효면적은 1m²당 (②)kg으로 계산한 값 이상이어야 한다.

해설 ① 1.4m² 이하
② 150kg

118 다음의 조건에서 유압식 엘리베이터의 실린더 측벽의 안전율을 구하시오.

- 카 자중 : 1,000kg
- 속도 : 20m/min
- 로핑 : 1 : 2
- 전동기 효율 : 90%
- 플런저 내경 : ∅ 190mm
- 플런저 자중 : 100kg
- 실린더 강관 두께 : 0.5cm
- 적재하중 : 500kg
- 로프 : ∅ 12
- 사용재료 파괴강도 : 3,000kg/cm²
- 플런저 외경 : ∅ 200mm
- 시브중량 : 500kg
- 실린더 내경 : 20mm

해설 $\sigma_x 2\pi rt = \pi r^2 p \Rightarrow \sigma_x = \dfrac{pr}{2t}$

$\sigma_y = \dfrac{pr}{t} = 2\sigma_x$

즉, 측벽에 미치는 하중은 수직하중의 2배이다.
주어진 조건을 정리하면,

- P_c = 1000kg
- R = 1 : 2 = 2
- k = 동하중계수 = 2
- $r = \dfrac{200}{2} = 100\text{mm} = 10\text{cm}$
- Q_w = 500kg
- P_{wt} = 플런저 자중 = 100 kg
- S_{wt} = 시브 무게 = 500 kg
- t = 실린더 벽 두께 = 0.5cm

실린더에 작용되는 하중을 계산하면

$P_w = (P_c + Q_w) \times R \times k + P_{wt} + S_{wt} = (1000 + 500) \times 2 \times 2 + 100 + 500 = 6600\,\text{kg}$

실린더에 누르는 압력 $P = P_w / A = \dfrac{6600}{314} \simeq 21$

실린더 단면적 $A = \dfrac{\pi r^2}{4} = \dfrac{3.14 \times 20^2}{4} = 314$

수직응력 $\sigma_x = \dfrac{pr}{2t} = \dfrac{314 \times 10}{2 \times 0.5} = 210\,\text{cm}^2$

수평응력 $\sigma_y = \dfrac{pr}{t} = 2\sigma_x = 2 \times 210 = 420\,\text{kg/cm}^2$

∴ 실린더 측벽의 안전율 = $\dfrac{\text{실린더 재료 파괴강도}}{\text{실린더 측벽에 미치는 응력}} = \dfrac{3000}{420} = 7.41$배

119 다음 질문의 ( )의 답을 쓰시오.

엘리베이터 도어 시스템 중 수평개폐식 자동 동력 작동식 문의 닫힘을 저지하는 데 필요한 힘은 (①)N 이하이어야 하고, 잠금해제 구간에서 닫힌 문을 개방하는 데 필요한 힘은 (②)N을 초과하지 않아야 한다.

 ① 150N　② 300N

120 다음 질문의 ( )의 답을 쓰시오.

화재 등 비상 시 소방관의 소방활동이나 구조활동에 적합하게 제조·설치된 엘리베이터인 소방구조용 엘리베이터의 정격하중은 (①)kg, 폭은 (②)mm, 깊이는 (③)mm 이상이어야 하며, 출입구 폭은 800mm 이상이어야 한다.

 ① 630kg
② 1,100mm
③ 1,400mm

121 승강기 검사의 종류 3가지를 기술하시오.

1) 설치검사
2) 자체검사
3) 안전검사(정기검사, 수시검사, 정밀안전검사)
4) 안전성 평가

122 추락 위험에 대한 보호에 따른 안전기준이다. 다음의 빈칸의 괄호에 대하여 알맞은 내용을 기술하시오.

승강장문의 잠금해제구간은 승강장 바닥의 위·아래로 각각 (①)m를 초과하여 연장되지 않아야 하며, 승강장문은 잠금해제구간을 제외하고 열릴 수 없어야 한다.

0.2m

123
오일이 실린더로 들어가는 곳에 설치하여 압력배관이 파손되었을 때 자동적으로 밸브를 닫아 카가 급격히 떨어지게 되는 것을 방지하는 밸브는?

해설 럽처 밸브(rupture valve)

124
주행안내 레일에 작용하는 힘의 계산법 중, 카에 하중을 싣거나 내리는 동안, 카 출입구 문턱에 작용하는 힘(F)는 카 출입구 문턱의 중앙에 작용하는 것으로 가정한다. 문턱에 작용하는 힘의 크기를 F, 중력가속도(9.8m/s), $[g_n]$, 정격하중(Q)이 900kg의 조건에서 승객용 엘리베이터의 카 출입구 문턱에 작용하는 힘(kg)을 구하시오.

해설 출입구 문턱에 작용하는 힘
$$F_s = 0.4 \times g_n \times Q = 0.4 \times 9.8 \times 900 = 3,528\,kg$$

125
다음은 장애인용 엘리베이터의 스위치 설치에 대한 안전기준이다. 이때 괄호 안에 알맞은 숫자를 기입하시오.

> 호출 버튼 및 조작반, 통화 장치 등 승강기의 안팎에 설치되는 모든 스위치의 높이는 바닥면으로부터 (①)m 이상 (②)m 이하의 위치에 설치되어야 한다. (단, 스위치 수가 많아 (③)m 이내에 설치되는 것이 곤란한 경우 (④)m 이하까지 허용한다.)

해설 ① 0.8m ② 1.2m
③ 1.2m ④ 1.4m

126
승강기의 정의에 대해 서술하시오.

해설 승강기란 건축물이나 고정된 시설물에 설치되어 일정한 경로에 따라 사람이나 화물을 승강장으로 옮기는 데 사용되는 시설로서 엘리베이터, 에스컬레이터, 휠체어리프트 등 대통령령으로 정한다.

127. 피난용 엘리베이터와 소방구조용 엘리베이터의 대한 정의를 기술하시오.

해설 (1) 피난용 엘리베이터 : 화재 등 재난 발생 시 거주자의 피난활동에 적합하게 제조 및 설치된 엘리베이터로서 평상시에는 승객용으로 사용하는 엘리베이터

(2) 소방구조용 엘리베이터 : 화재 등 비상시 소방관의 소화활동이나 구조활동에 적합하게 제조 및 설치된 엘리베이터로서 평상시에는 승객용 엘리베이터로 사용하는 엘리베이터

128. 다음은 경사용 휠체어 리프트에 대한 안전기준이다. 다음의 괄호 안에 알맞은 내용을 기술하시오.

> 카의 정격속도는 0.15m/s 이하여야 한다. 경사형 휠체어 리프트가 1인용일 경우에는 정격하중을 115kg 이상으로 하고 휠체어 사용자일 경우는 150kg 이상으로 설계해야 한다. 탑재하중이 결정되지 않은 공공기관의 건물인 경우 휠체어용 경사형 리프트는 정격하중을 (①)kg 이상으로 한다. 최대 정격하중은 (②)kg까지 허용할 수 있다.

해설 ① 225kg ② 350kg

129. 기계식 주차기의 전륜 후륜 중량배분의 비는 어떻게 되는지 기술하시오.

해설 전륜 6 : 후륜 4

130. 층고가 5m 정격속도가 30m/min 스텝폭이 550mm가 되는 800형인 에스컬레이터의 총 종합효율이 90%일 때 에스컬레이터의 전동기 용량을 구하시오. (단, 경사각 30°, 승객승입률 0.85%이다.)

해설 전동기 용량 $P_{max} = \dfrac{G \times V \times \sin\theta}{6120 \times \eta} \times \beta$

여기서, 적재하중 $G = 270\sqrt{3}\,WH = 270\sqrt{3} \times 0.55 \times 5 = 1286\,\text{kg}$

V : 정격속도(m/min), $\sin\theta$: 경사도, η : 종합효율, β : 승입률,
A : 수평 투영면적(m^2), W : 디딤판 폭(m), H : 행정거리(m)

따라서, 전동기 용량 $P_{max} = \dfrac{GV\sin\theta}{6120\eta} \times \beta = \dfrac{1286 \times 30 \times \sin 30°}{6120 \times 0.9} \times 0.85p$
$= 2.98\,\text{kw} \approx 3\,\text{kW}$

131 다음의 조건에서 실제 로프의 안전율(%)을 구하시오.

- 카 자중(P) : 1,800kg
- 로프 단면적(A) : 52.1mm²
- 로프 구성 : ∅ 12×6본
- 로핑 : 2 : 1
- 정격하중(Q) : 1,000kg
- 로프 길이(L) : 75m
- 로프의 단위중량 : 0.494kg/m
- 로프 파단강도(P_r): 5,990kg · f

해설 로프의 안전율

$$S_r = \frac{k \cdot N \cdot P_r}{P + Q + \frac{(N \cdot W_r \cdot H)}{k}} = \frac{2 \times 6 \times 5990}{1800 + 1000 + \frac{(6 \times 0.494 \times 75)}{2}} = 24.69$$

2 승강기 기사

01 엘리베이터 동력전원에 오결선 및 어떤 원인으로 상이 바뀌거나 결상이 되는 경우에 이를 감지하여 전동기의 전원을 차단시키는 장치는 무엇인가? (3점)

해설 역결상 검출장치

02 에스컬레이터에서 스텝 체인의 안전장치에 대해서 설명하시오. (3점)

해설 계단 체인이 파단되거나 과도하게 늘어날 때 즉시 작동하여 에스컬레이터를 정지시키는 장치이다.

03 승강로에 사용할 수 있는 한국산업규격의 유리종류 4가지만 쓰시오. (4점)

해설 ① 망유리 ② 강화유리 ③ 접합유리 ④ 복층유리

04 권상기 및 기타 기계대에 부착된 장치의 중량이 2,000kg이고, 로프중량이 90kg, 로프에 작용하는 하중이 3,000kg일 때 기계대에 걸리는 하중(kg)은?

해설 $M = 2,000 + 2 \times (90 + 3,000) = 8,180$kg

※ 기계대에 걸리는 하중 $P = P_1 + 2P_2$

= 기계대에 부착된 장치의 중량 + 주로프의 중량 및 주로프에 작용하는 중량의 2배

05 승객수 $r = 15$, 출발 층에서 출발한 엘리베이터가 서비스를 끝내고 다시 출발 층으로 되돌아오는 시간(RTT)=30초일 때, 이 엘리베이터의 5분간 수송능력은?

해설 1대당 5분간 수송능력 = $\dfrac{5 \times 60 \times r}{RTT} = \dfrac{5 \times 60 \times 15}{30} = 150$명

06
난간폭 1,200형 에스컬레이터에서 스텝면의 수평 투영면적이 20m²일 때 구조물이 받는 하중은 얼마인가?

해설 $G = 270 \times A = 270 \times 20 = 5,400$kg

07
시간당 9,000명을 수송하는 경사도 30°, 속도 30m/min인 에스컬레이터가 있다. 디딤판 폭이 1.0m, 수직고가 3.6m, 종합효율이 0.9이라면 소요동력은 얼마인가? (단, 승객 승입률은 0.8로 한다.)

해설 $G = 270\sqrt{3}\,HW = 270\sqrt{3} \times 3.6 \times 1 ≒ 1,684$kg

$P = \dfrac{GV\sin\theta}{6120\eta} \times \alpha = \dfrac{1684 \times 30 \times \sin30°}{6120 \times 0.9} \times 0.80 ≒ 3.7$kW

08
F·W·C(flexible wedge clamp)형 점진 정지식의 추락방지안전장치에 대하여 설명하시오.

해설 레일을 죄는 힘이 동작초기에는 약하나 점점 강해진 후 일정해진다.

09
엘리베이터의 비상등에 대하여 설명하시오. (3점)

해설 램프 중심으로부터 1m 떨어진 수직면상에서 5lux 이상의 밝기가 되어야 하며, 60분 이상 유지되어야 한다.

10
엘리베이터 기계실의 종류 3가지를 쓰시오. (3점)

해설
① 사이드머신 타입
② 베이스먼트 타입
③ 정상부 타입
④ 기계실이 없는(MRL) 타입

11. 소방구조용(비상용) 엘리베이터의 속도는 얼마 이상이어야 하는가? (3점)

해설 1m/s(60m/min) 이상
- 문 닫힘 이후 60초 이내에 가장 먼 층에 도착 되어야 한다.
- 소방운전 시 모든 승강장의 출입구마다 정지할 수 있어야 한다.

12. 슬로다운 스위치에 대하여 설명하시오. (5점)

해설 카가 어떤 이상 원인으로 감속되지 못하고 최상·최하층을 지나칠 경우 이를 검출하여 강제적으로 감속, 정지시키는 장치로서 리미트 스위치(Limit Switch) 전에 설치한다.

13. 유압식 엘리베이터의 안전장치에 대한 설명이다. (①~④) 안에 알맞은 내용을 쓰시오. (4점)

(①)는 일종의 압력조정 밸브로서 회로의 압력의 사용압력의 (②)%를 초과하면 분기회로를 열어 기름을 탱크로 되돌려 보내는 역할을 한다. 그리고 (③)는 한쪽 방향으로는 흐르지 않게 한다. 한편 (④)는 압력 배관이 파손되었을 때 자동적으로 닫혀서 카가 급격히 떨어지는 것을 방지하는 역할을 한다.

해설 ① 안전 밸브 ② 125 ③ 체크 밸브 ④ 럽처 밸브

14. 유압식 엘리베이터의 종류 3가지를 쓰시오. (3점)

해설 ① 직접식 ② 간접식 ③ 팬터 그래프식

15. 유압 엘리베이터의 장점 3가지를 쓰시오. (3점)

해설 ① 기계실의 배치가 자유롭다.
② 건물 최상층에 하중이 걸리지 않는다.
③ 승강로 상부 여유 거리가 작아도 된다.

16 간접식 유압엘리베이터의 특징 4가지를 쓰시오. (8점)

해설 ① 추락방지안전장치가 필요하다.
② 로프의 이완(늘어남)과 기름의 압축성 때문에 부하로 인한 바닥 침하가 있다.
③ 실린더(cylinder) 보호관이 필요없다.
④ 실린더(cylinder) 점검이 용이하다.

17 유압 엘리베이터의 스톱밸브에 대하여 설명하시오. (3점)

해설 유압 파워 유니트에서 실린더로 통하는 배관 도중에 설치하는 수동조작밸브이다. 이 밸브를 닫으면 실린더의 오일이 파워유니트로 역류하는 것을 방지한다. 이 밸브는 유압장치의 보수·점검·수리 시에 사용되는데 게이트 밸브(gate valve)라고도 한다.

18 에스컬레이터의 경사도는 몇 도를 초과하지 않아야 하며, 경사도가 30° 이하는 속도가 얼마이하 이어야 하는가? (4점)

해설 ① 경사도 : 30°
② 속도 : 45m/min

19 에스컬레이터가 하강 시 공칭속도가 30m/min이다. 그때의 정지거리는? (3점)

해설 0.2m에서 1.0m 사이
※ 에스컬레이터의 정지거리

공칭속도	정지거리
0.50m/s	0.2m에서 1.0m 사이
0.65m/s	0.3m에서 1.3m 사이
0.75m/s	0.4m에서 1.5m 사이

20 기계식 주차장치의 종류 4가지를 쓰시오. (4점)

해설 ① 2단식 ② 다단식
③ 수직순환식 ④ 수평순환식

21
정격속도 90m/min, 카의 총중량 2,000kg일 때 피트의 충격하중을 구하면? (단, 완충기의 행정은 필요 최소 행정으로 한다.) (5점)

해설 피트의 충격하중

$$P = 2W\left(\frac{V^2}{2gS} + 1\right) = 2 \times 2,000 \times \left(\frac{(1.15 \times 1.5)^2}{2 \times 9.8 \times 0.152} + 1\right) ≒ 7995.20 \text{kg}$$

여기서 V는 과속조절기 트립속도 m/sec

※ 1.15 : 카 추락방지안전장치 작동을 위한 과속조절기는 정격속도의 115% 이상 시 작동

※ 1.5 : 90m/min를 sec으로 계산

※ 정격속도 90m/min에서의 완충기 필요 최소 행정

$$S = \frac{V_0^2}{53.35} = \frac{90^2}{53.35} ≒ 152 \text{mm}$$

(90m/min : 152mm, 105m/min : 207mm, 120m/min : 270mm)

22
유압식 엘리베이터에 사용되는 전동기의 출력은 30kW, 1행정당 전동기의 구동시간은 15초, 1시간당 왕복 횟수는 30일 때 유압기기의 발열량은 몇 kcal/h인가? (5점)

해설 $Q = \dfrac{860 \times P \times T \times N}{3,600} = \dfrac{860 \times 30 \times 15 \times 30}{3,600} = 3,225 \text{ kcal/h}$

※ 1kw = 860kcal/h

23
동활차 3개와 정활차 1개로 구성된 복합활차를 이용하여 300kg의 하중을 들어 올릴 경우 얼마의 힘이 필요한가? (3점)

해설 $P = \dfrac{1}{2^n} \times W = \dfrac{1}{2^3} \times 300 = 37.5 \text{kg}$

24
출력 5kW, 1500rpm인 전동기의 토크(kg·m)는? (3점)

해설 $\tau = 0.975 \dfrac{P}{N} = 0.975 \dfrac{5 \times 10^3}{1500} = 3.25 \text{kg} \cdot \text{m}$

25 지름 8mm, 길이 500mm의 연강봉에 1,300kg의 하중이 걸렸을 때, 재료는 얼마나 늘어나는가? (단, 탄성계수=$2.1 \times 10^6 \text{kg/cm}^2$) (3점)

해설 $\lambda = \dfrac{Wl}{AE} = \dfrac{1300 \times 50}{\dfrac{3.14}{4} \times 0.8^2 \times 2.1 \times 10^6} = 0.06160 \text{cm}$

26 유도 전동기에서 회전 자장의 속도가 1,200rpm이고, 전동기의 회전수가 1,180rpm일 때, 슬립(%)은 얼마인가? (3점)

해설 $s = \dfrac{N_s - N}{N_s} \times 100 = \dfrac{1,200 - 1,180}{1,200} \times 100 \fallingdotseq 1.7$

27 200V, 60Hz, 6극의 3상 유도 전동기가 있다. 출력 12kW를 낼 때의 슬립은 4%라 한다. 이때의 회전수(rpm)는? (3점)

해설 $N_s = \dfrac{120f}{p} = \dfrac{120 \times 60}{6} = 1,200 \text{rpm}$
$N = N_s(1-s) = 1200(1-0.04) = 1,152 \text{rpm}$

28 10kW, 3상, 200V 유도 전동기(효율 및 역률 각각 85%)의 전부하 전류(A)는? (3점)

해설 $P = \sqrt{3}\, VI\cos\theta \cdot \eta \text{[W]}$에서
$I = \dfrac{P}{\sqrt{3}\, V\cos\theta \cdot \eta} = \dfrac{10 \times 10^3}{\sqrt{3} \times 200 \times 0.85 \times 0.85} = 40\text{A}$

29 주파수 60Hz의 유도 전동기가 있다. 전부하에서의 회전수가 매분 1,164회이면 극수는? (단, 슬립 S는 3%이다.) (3점)

해설 $P = \dfrac{120f}{N}(1-S) = \dfrac{120 \times 60}{1164} \times (1-0.03) = 6\text{극}$

30. 카 측 총중량이 2,400kg, 스팬의 길이가 125cm 2본, 단면계수가 115cm³인 1:1 로핑 엘리베이터의 상부체대 응력을 구하시오. (3점)

해설 최대 굽힘모멘트

$$M_{max} = \frac{W_T \cdot L}{4} = \frac{2,400 \times 125}{4} = 75,000 \text{kg} \cdot \text{cm}$$

여기서, W_T : 카 측 총중량, L : 스팬의 길이

상부체대 응력

$$\sigma = \frac{M_{max}}{Z} = \frac{75,000}{115 \times 2} \fallingdotseq 326 \text{kg/cm}^2$$

여기서, Z : 단면계수

31. 카 지붕에서 가장 높은 부분과 승강로 천장의 가장 낮은 부분(천장 아래 위치한 빔 및 부품 포함) 사이의 수직거리는 얼마 이상이어야 하는가? (3점)

해설 카가 최상부에 있을 때 카 지붕의 가장 높은 부분에서 승강로 천장까지는 0.5m 이상이어야 한다.

32. 다음 합성정전 용량을 구하여라. (4점)

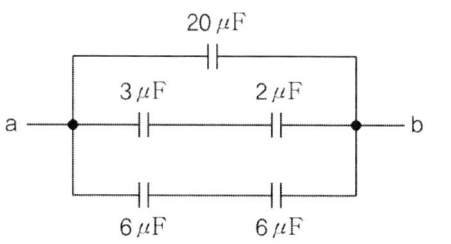

해설 ① $C_1 = \dfrac{3 \cdot 2}{3+2} = \dfrac{6}{5} = 1.2\mu\text{F}$

② $C_2 = \dfrac{6 \cdot 6}{6+6} = \dfrac{36}{12} = 3\mu\text{F}$

∴ $C_{ab} = 20 + 1.2 + 3 = 24.2\mu\text{F}$

33 트랙션비 설계 시 요구되는 조건 4가지? (4점)

해설 ① 균형로프 및 균형체인을 설치한다.
② 카 자중을 가능한 한 줄인다.
③ 오버밸런스율을 크게 한다.
④ 로프본수를 최소화한다.

34 권상기용 전동기의 구비요건 3가지를 쓰시오. (4점)

해설 ① 기동 빈도가 매우 높아(1시간에 180~300회 운행) 발열량을 고려해야 한다.
② 기동 전류가 작아야 한다.
③ 회전속도의 오차는 +5~-10% 범위 이내이어야 한다.
④ 전동기의 최소 필요 회전력은 +100~-70% 이상이어야 한다.

35 카 하중 2,000kg, 적재하중 1,000kg인 화물용 엘리베이터의 가이드 레일에 걸리는 수평 방향의 지진하중은? (단, 설계용 수평진도는 0.4, 상하 가이드 슈의 하중비는 0.7로 한다.) (3점)

해설 $M = (2,000 + 1,000) \times 0.4 \times 0.7 = 840 \text{kg}$

36 최대 굽힘모멘트 450,000kg·cm, H 250×250×14×9(단면계수 867cm³)인 기계대의 안전율은 얼마인가? (단, 재질은 SS-400, 기준강도는 4,100kg/cm² (5점)

해설 허용응력 $= \dfrac{M}{Z} = \dfrac{450,000}{867} = 519 \text{kg/cm}^2$

안전율 $\delta = \dfrac{\text{기준강도}}{\text{허용응력}} = \dfrac{4,100}{519} \fallingdotseq 7.9$

37 지름이 4cm인 연강봉에 4톤의 인장력이 작용할 때 재료에 생기는 응력 kg/cm²은? (3점)

해설 응력 $= \dfrac{\text{하중}}{\text{단면적}} = \dfrac{4,000}{\pi \times 2^2} = 318 \text{kg/cm}^2$

38 카 자중 1,000kg, 정격하중 1,000kg, 스프링 직경(D) 150mm, 소재의 직경(d) 30mm이다. 코일 스프링의 전단응력을 구하면? (5점)

해설 $\tau = K \dfrac{8WD}{\pi d^3}$ (kg/m²)

(K : 응력 수정계수, C : 스프링 정수, $C = \dfrac{D}{d} = \dfrac{150}{30} = 5$)

$K = \dfrac{4C-1}{4C-4} + \dfrac{0.615}{C}$

$ = \dfrac{4 \times 5 - 1}{4 \times 5 - 4} + \dfrac{0.615}{5} = 1.3105$

$\tau = 1.3105 \times \dfrac{8(1000+1000) \times 150}{\pi \times 30^3}$

$ = 37.08 \text{kg/mm}^2 = 3708 \text{kg/cm}^2$

39 과속조절기의 종류 3가지를 나열하고 그 중 고속에 사용되는 과속조절기는? (4점)

해설 ① 조속기의 종류 : 디스크형, 플라이볼형, 롤세이프티형
② 고속에 사용되는 조속기 : 플라이볼형

40 엘리베이터 카 문 닫힘 안전장치의 종류 3가지를 쓰시오. (3점)

해설 ① 세이프티 슈, ② 광전장치, ③ 초음파장치

41 매다는 장치(현수)의 로프의 공칭 직경은? (3점)

해설 공칭직경이 8mm 이상, 2가닥 이상, 매다는 장치는 독립이어야 한다.

42 매다는 장치(현수)의 로프 안전율은? (3점)

해설
- 2가닥 이상의 로프(벨트)에 의해 구동되는 권상 구동 엘리베이터의 경우: 16
- 3가닥 이상의 로프(벨트)에 의해 구동되는 권상 구동 엘리베이터의 경우: 12

43
권상 도르래, 풀리 또는 드럼과 현수로프의 공칭 지름 사이의 비는 스트랜드의 수와 관계없이 얼마 이상이어야 하는가? (3점)

해설 40배 이상

44
로프 파단 소선의 단면적이 원래 소선 단면적의 몇 % 이하로 되면, 마모 또는 파손 상태로 보는가? (3점)

해설 70% 이하

45
정격하중 900kg, 카 하중 1,400kg, 승강행정 60m, 로프자중 1kg/m, 로프 수 6본, 오버밸런스율 45%일 때 균형추 측 중량은? (5점)

해설
※ 무부하 시(하강 시) 균형추 측 중량=균형추 중량+로프하중
※ 부하 시(상승 시) 균형추 측 중량=균형추 중량(카 하중+L.F)
$= 1,400 + (900 \times 0.45) = 1,805 \text{kg}$

46
엘리베이터의 카 내부에는 정전 시 비상등이 점등되어야 하는데, 램프 중심으로부터 1m 떨어진 수직면상에서 얼마 이상의 밝기로 얼마 이상 유지할 수 있어야 하는가? (4점)

해설 카에 비상 전원 공급장치에 의해 5lx 이상의 조도로 1시간 동안 전원이 공급되어야 한다. (2019.4.4 법개정)

47
최대굽힘모멘트 200,000kg·cm, H 250×250×14×9(단면계수 867cm³)인 기계대의 안전율은 약 얼마인가? (단, 재질은 SS-400, 인장강도 4100kg/cm²)

해설 기계대의 안전율 구하기

응력 $\sigma = \dfrac{M}{Z} = \dfrac{200,000}{867} = 230.7 \text{kg/cm}^2$

안전율 $S = \dfrac{\text{인장강도}}{\text{응력}} = \dfrac{4100}{230.7} = 17.8$

48
1:1 로핑인 엘리베이터의 정격하중이 550kg, 카 자중이 700kg, 단면적이 13.3 cm², 단면계수가 224.6cm³인 SS-400을 사용할 때 상부체대의 응력은 약 몇 kg/cm²인가? (단, 상부체대의 전단길이는 160cm이다.)

해설 상부체대 응력 구하기

모멘트 $M = \dfrac{(P+Q)L}{4} = \dfrac{(700+550) \times 160}{4} = 200{,}000 \text{kg} \cdot \text{cm}$

$\sigma = \dfrac{M}{Z} = \dfrac{200{,}000}{224.6} = 890.4 \text{kg/cm}^2$

49
카 하중 1,900kg, 적재하중 1,000kg, 정격속도 90m/min일 때 에너지 분산형 완충기의 최소행정은? (3점)

해설 정격속도 115%에 상응한 중기거리(L)는
$L = 0.0674 V^2 = 0.0674 \times 1.5^2 ≒ 152 \text{mm}$

참고 $90 \text{m/min} = 1.5 \text{m/s}$

50
연신율의 공식을 쓰시오. (3점)

해설 연신율 $\varepsilon = \dfrac{l' - l}{l} \times 100$

여기서, l' : 최대로 늘어난 길이
l : 원래의 길이

51
전기 엘리베이터의 하중시험 방법 3가지를 쓰시오. (3점)

해설
- 하중을 실지 않은 경우
- 정격하중의 100%를 실었을 경우
- 정격하중의 110%를 실었을 경우

52
어떤 공장의 3상 부하전압을 측정했을 때 선간전압 220V, 소비전력 8.4kW, 전류가 26A였다. 역률을 구하면? (3점)

해설 $P = \sqrt{3}\,VI\cos\theta[\text{W}]$ 에서

$$\cos\theta = \frac{P}{\sqrt{3}\,VI} = \frac{8.4 \times 10^3}{\sqrt{3} \times 220 \times 26} \fallingdotseq 0.85$$

53 직류 전동기의 속도 제어방법 3가지를 쓰시오. (3점)

해설 ① 전압 제어
② 계자 제어
③ 저항 제어

54 가이드 레일의 치수 결정요소 3가지를 쓰시오. (6점)

해설 ① 추락방지안전장치 작동 시 레일이 좌굴하지 않는지에 대한 점검
② 지진 발생 시 카 또는 균형추가 레일을 어느 한도에서 벗어나는지에 대한 점검
③ 불균형한 큰 하중이 적재 시 또는 그 하중을 오르고 내릴 때 레일이 지탱 가능한지에 대한 점검

55 도어 머신(도어 오퍼레이터) 조건 3가지를 쓰시오. (3점)

해설 ① 작동이 원활하고 정숙할 것
② 카 상부에 설치하기 위하여 소형 경량일 것
③ 동작 횟수가 엘리베이터의 기동 횟수의 2배가 되므로 보수가 용이할 것
④ 가격이 저렴할 것

56 도어 인터록 장치의 동작사항을 쓰시오. (3점)

해설 이 장치는 카가 정지하지 않는 층의 도어는 특수한 열쇠를 사용하지 않으면 열리지 않도록 하는 도어록과 도어가 닫혀 있지 않으면 운전이 불가능하도록 하는 도어 스위치로 구성된다. 도어 인터록 장치에서 중요한 것은 도어록 장치가 확실히 걸린 후 도어 스위치가 들어가고, 도어 스위치가 끊어진 후에 도어록이 열리는 구조로 하는 것이다.

57. 단권 변압기 용량(자기 용량)을 구하는 공식을 쓰시오. (3점)

해설 단권 변압기 용량 = 부하 용량 × $\dfrac{\text{고압} - \text{저압}}{\text{고압}}$

58. 적재하중 2,000kg, 카 하중 3,500kg, 승강행정 25m인 엘리베이터가 있다. 주로프는 1m당 1kg인 로프가 6줄 걸려 있다. 오버 밸런스율을 40%로 할 때 트랙션 비를 구하여라. (단, 카는 최하층에 있으며 보상로프를 사용했다.) (3점)

해설 보상로프를 사용하는 경우 카가 최하층에 있는 경우
- 카 측 중량 = 카 자중+적재하중+로프하중
  = 3,500+2,000+(25×6)=5,650kg
- 균형추 측 중량 = 카 자중+(L×F)+보상로프하중
  = 3,500+(2,000×0.45)+(25×6)=4,550kg

∴ 트랙션비 = $\dfrac{5,650}{4,550}$ ≒ 1.24

참고 보상로프를 사용하지 않는 경우 빈 카가 최상층에 있는 경우
- 카 측 중량 = 카 자중=3,500kg
- 균형추 측 중량 = 카 자중+(L×F)+주로프하중
  = 3,500+(2,000×0.45)+(25×6)=4,550kg

∴ 트랙션비 = $\dfrac{4,550}{3,500}$ = 1.3

59. 카와 완충기의 충돌을 고려한 피트 바닥강도의 공식을 쓰시오. (3점)

해설 피트 강도 $F = 4 \cdot g_n \cdot (P + Q)$

여기서, F : 전체 수직력(N)

g_n : 중력가속도(9.81m/s)

P : 카 자중 및 이동케이블, 균형 로프/체인 등 카에 의해 지지되는 부품의 중량(kg)

Q : 정격하중(kg)

60. 점차 작동형 추락방지안전장치의 평균 감속도는? (3점)

해설 평균 감속도 $0.2g_n \sim 1g_n$

61
상승과속방지장치는 정지 단계 동안 얼마를 초과하지 않아야 하며, 어디에 설치하는가? (3점)

해설
- 빈 카의 감속도가 정지단계 동안 1 g_n를 초과하는 것을 불허용
- 카, 균형추, 로프 시스템, 권상도르래 중 어느 하나에 설치하여 작동

62
100V, 10A, 전기자저항 1Ω, 회전 수 1800rpm인 직류 전동기의 역기전력은? (3점)

해설 $E = V - I_a R_a = 100 - 10 \times 1 = 90V$

63
로프의 미끄러짐이 쉽게 발생하는 경우 3가지를 쓰시오. (3점)

해설
① 로프의 권부각이 작을수록 미끄러지기 쉽다.
② 카의 가속도와 감속도가 클수록 미끄러지기 쉽다.
③ 카 측과 균형추 측의 로프에 걸리는 장력비가 클수록 미끄러지기 쉽다.

64
가이드 레일의 사용목적을 3가지 쓰시오. (3점)

해설
① 카와 균형추의 승강로 평면내 위치 규제
② 카의 자중이나 화물에 의한 카의 기울어짐 방지
③ 비상정지 장치 작동 시 수직하중을 유지

65
간접식 엘리베이터 속도가 60m/min이다. 승강기 기준 최소 기준값을 계산하고 합격 여부를 판정하라.

해설 $L = 60 + \dfrac{V^2}{760}[\text{cm}] = 60 + \dfrac{3600}{760} ≒ 64.7\text{cm}$

∴ 승강로 천장의 가장 낮은 부분과 상승 방향으로 주행하는 램-헤드 조립체의 가장 높은 부분 사이의 유효 수직거리는 0.1m 이상이어야 한다. 따라서 합격 기준에 적합하다.

66 1:1 로핑의 하부체대에 (150×7.5×6.5, SS-400)을 사용할 때 최대굽힘응력 (kg/cm²) 및 안전율을 구하시오. (단, 적재하중 빔 길이 160cm, 카 자중 1500 kg, 정격하중 1000kg, 단면계수 115cm³, 허용응력(σ_a) 41(kg/mm²)이다.) (4점)

해설

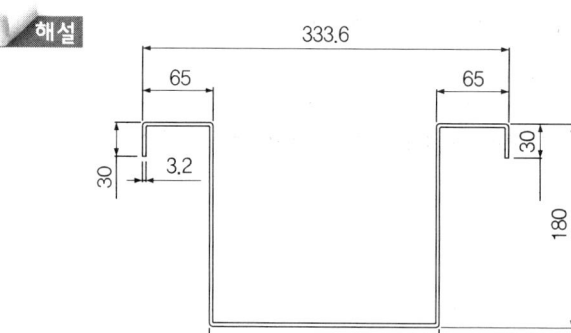

[하부체대 구조]

하부체대에 카 바닥을 올려놓으며 균일분포하중이 작용하는 것으로 계산하면 최대 굽힘 모멘트($M_{\max}$)

$$M_{\max} = \frac{W_T \times L}{8} = \frac{(P+Q) \times L}{8}$$
$$= \frac{(1500+1000) \times 160}{8} = 50000(\text{kg} \cdot \text{cm})$$

① 최대굽힘응력(σ)

$$\sigma = \frac{M_{\max}}{Z} = \frac{50000}{8 \times 115} \fallingdotseq 434.8 \, \text{kg/cm}^2$$

② 실제 안전율(S)

$$s.f. = \frac{\sigma_a}{\sigma} = \frac{4100}{434.8} \fallingdotseq 9.4$$

67 카 내 바닥 조도가 25lx이다. 얼마나 더 올려주어야 하는가?

해설 카의 바닥 조도는 100lx 이상이어야 하므로 75lx를 더 올려주어야 한다.

68 카 측 총중량이 2400kg, 보의 길이가 1250mm, 단면계수가 115cm³, 인 1:1로핑 엘리베이터의 상부체대 최대굽힘응력과 안전율을 구하시오. (단, 허용응력(σ_a) 41(kg·f/mm²)이다.) (4점)

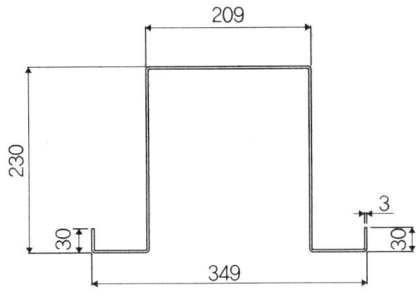

[상부체대 구조]

$$M_{\max} = \frac{(P+Q) \times L}{4}$$

최대 굽힘모멘트는 상부체대는 보 양쪽에서 지지대가 있으므로 최대 굽힘모멘트($M_{\max}$)

$$M_{\max} = \frac{W_T \times L}{4} = \frac{2400 \times 125}{4} = 75{,}000 \text{kg} \cdot \text{cm}$$

여기서, W_T : 카 측 총중량, L : 보의 길이

① 상부체대 응력은

$$\sigma = \frac{M_{\max}}{Z} = \frac{75{,}000}{115} \fallingdotseq 652.2 \,\text{kg/cm}^2$$

여기서, Z : 단면계수(cm³)

② 실제 안전율(S)

$$s.f. = \frac{\sigma_a}{\sigma} = \frac{4100}{652.2} \fallingdotseq 6.29$$

69 정격속도 90m/min의 엘리베이터에서 추락방지안전장치 작동을 위한 과속조절기(조속기)의 속도는?

 $V = 90 \times 1.15 = 103.5 \text{m/min}$

(과속조절기 작동조건은 115%이므로)

70. 카 비상등은 정상 조명 전원이 차단될 경우 몇 lx 이상으로 몇 분간 전원이 공급될 수 있는 자동 재충전 예비전원 공급 장치가 있어야 하는가?

해설 5lx 이상으로 60분간 전원이 공급될 수 있는 자동 재충전 예비전원 공급 장치가 있어야 한다.

71. 가이드레일의 T형 레일은 8K, 13K, 18K, 24K 등으로 공칭이 되는데, 여기서 K는 무엇을 의미하는가?

해설 레일 규격의 호칭은 마무리 가공 전 소재의 1m당 중량을 반올림한 정수에 "K레일"을 붙여서 호칭한다. 여기서 K는 "미터당 kg"을 말한다.

72. 전기 설비에서 절연저항이란?

해설 절연물이 가지고 있는 전기저항을 말하며 메가로 측정한다.

73. 지상 10층, 정원 15인승의 승객용 엘리베이터가 다음과 같은 조건으로 운행 시 물음에 답하시오.

◀ 조건 ▶
- 용도 : 일사전용 사무실
- 승객 출입시간 : 2.5초/인
- 탑승률 : 80%
- 도어 개폐 시간 : 2.7초/층
- 주행시간 : 37초

(1) 전 예상 정지 수(f)
(2) 손실시간(T_ℓ)
(3) 일주시간(RTT)

해설 (1) 전 예상 정지 수(f)
- 엘리베이터 승객수(r) = $15 \times 0.8 = 12$(인)
- 로컬 구간 내 서비스 층수(n) = 8(시발층 및 바로 윗층 제외)
- 급행 구간 내 정지 수(f_E) = 1(편도 급행은 1, 편도 구간 급행은 2)

- 로컬 구간 내 예상 정지 수 $(f_L) = n\left\{1 - \left(\dfrac{n-1}{n}\right)^r\right\}$

  $= 8\left\{1 - \left(\dfrac{8-1}{8}\right)^{12}\right\} \fallingdotseq 6.39$

  $\therefore$ 전 예상 정지 수 $f = f_L + f_E = 6.39 + 1 = 7.39$

(2) 손실시간 (T_ℓ)
- 전 도어 개폐 시간 (T_d) : 1개 도어 개폐 시간×정지 층 수

  $= 2.7 \times 7.39 \fallingdotseq 19.95$초
- 전 승객 출입시간 (T_p) : 1인 승객 출입시간×승객 수

  $= 2.5 \times 12 = 30$초
- 전 손실시간 (T_ℓ) : $0.1(T_d + T_p) = 0.1(19.95 + 30) = 4.995 \fallingdotseq 5$초

(3) 일주시간(RTT)

RTT : 주행시간+전 도어 개폐시간+승객 출입시간+전 손실시간

$= 37 + 19.95 + 30 + 5 = 91.95$초

74 카 중량 1000kg, 적재하중 500kg, 정격속도 60m/min인 로프식 엘리베이터의 전부하 상태(최하층에서 상승)일 때 다음 보기를 참고하여 전 부하시 트랙션비를 구하라.

◀ 보기 ▶
- 로프중량 30kg
- 이동 케이블 중량 10kg
- 오버밸런스율 45%
- 균형 도르래 중량 300kg
- 균형 로프 중량 20kg

해설 전 부하시 트랙션비

- 카 측에 걸리는 하중 (W_{car})

  $W_{car} = 1000 + 500 + 30 = 1530$kg

- 균형추 측에 걸리는 하중 (W_{cwt})

  $W_{cwt} = 1000 + (500 \times 0.45) + 20 = 1245$kg

  $T = \dfrac{1530}{1245} \fallingdotseq 1.23$

75 전기 엘리베이터의 적재하중이 1500kg, 카 자중 1000kg, 행정 30m, 로프 본수 4가닥, 1본당 로프중량 1kg/m, 오버밸런스율 0.45, 정격속도 60m/min, 종합효율 70%, 이동케이블 단위중량 40C, 1.25kg/m일 때 다음을 구하라.

(1) 균형추 중량
(2) 무부하로 최상층에서 하강 시 트랙션비
(3) 전부하 시 최상층에서 하강 시 트랙션비

해설 (1) 균형추 중량

$$W_{cwt} = 카\ 자중 + (적재하중 \times 오버밸런스율)$$
$$= 1000 + (1500 \times 0.45) = 1675\,\text{kg}$$

(2) 무부하로 최상층에서 하강 시 트랙션비
- 카 측에 걸리는 하중(카가 최상층)
  이동케이블 중량은 승강로 중간에 이동케이블을 고정시키므로 1/2로 환산한다.

$$W_{car} = P + \frac{W_{cable} \times H}{2} = 1000 + \frac{1.25 \times 30}{2} \fallingdotseq 1018.8\,\text{kg}$$

- 균형추 측에 걸리는 하중(균형추가 최하층)

$$W_{cwt} = P + Q \times OB + W_{loop}$$
$$= 1000 + 1500 \times 0.45 + (4 \times 1 \times 30) = 1795\,\text{kg}$$

$$\therefore 트랙션비 = \frac{1795}{1018.8} \fallingdotseq 1.76$$

(3) 전부하 시 최상층에서 하강 시 트랙션비
- 카 측에 걸리는 하중(카가 최상층)

$$W_{car} = P + Q + \frac{W_{cable} \times H}{2} = 1000 + 1500 + \frac{1.25 \times 30}{2} \fallingdotseq 2518.8\,\text{kg}$$

- 균형추 측에 걸리는 하중(균형추가 최하층)

$$W_{cwt} = P + Q \times OB + W_{loop}$$
$$= 1000 + 1500 \times 0.45 + (4 \times 1 \times 30) = 1795\,\text{kg}$$

$$\therefore 트랙션비 = \frac{2518.8}{1795} \fallingdotseq 1.4$$

76 엘리베이터의 동력전원 설비용량 산출 시 필요사항 5가지를 쓰시오.

 ① 주위온도
② 부등률
③ 가속전류
④ 전압강하
⑤ 전압강하 지수

77 트랙션비 개선사항 3가지를 쓰시오.

 ① 오버밸런스율을 크게 한다.
② 카의 자체 하중을 최소화 한다.
③ 균형체인이나 균형로프 설치 시 카의 위치 변화에 따른 균형추의 무게를 보상한다.

78 다음 주행 안내 레일의 하중조건과 연신율에 따른 안전율을 채우시오.

하중 조건	연신율(A5)	안전율
정상 운행, 적재 및 하역	A5 > 12%	( )
	8% ≤ A5 ≤ 12%	( )
안전장치 작동	A5 > 12%	( )
	8% ≤ A5 ≤ 12%	( )

하중 조건	연신율(A5)	안전율
정상 운행, 적재 및 하역	A5 > 12%	2.25
	8% ≤ A5 ≤ 12%	3.75
안전장치 작동	A5 > 12%	1.8
	8% ≤ A5 ≤ 12%	3.0

79 에스컬레이터의 주의 표시 크기는 어떻게 되는가?

 80mm × 100mm 이상

80 에스컬레이터 주의 문구는 흰색 바탕에 글자의 크기 대(大)와 소(小) 그리고 색상은 어떻게 되는가?

해설 대(大) : 19pt(흑색), 소(小) : 14pt(적색)

참고 에스컬레이터
① 속도 : 30° 이하는 0.75m/s 이하, 30° 초과하고 35° 이하는 0.5m/s 이하일 것
(무빙워크는 12° 이하이며 0.75m/s 이하일 것)
※ 30° 이하이고 층높이 6m 이하 그리고 속도 0.5m/s인 경우는 35°까지 가능하다.
② 핸드레일 간격 : 0.8m 이상 1.1m 이하일 것
③ 스텝 높이는 0.24m 이하, 스텝 깊이는 0.38m 이상, 스텝 길이는 0.58m 이상 1.1m 이하일 것

81 와이어로프 구성 요소 3가지를 쓰시오.

해설 ① 소선
② 스트랜드
③ 심강

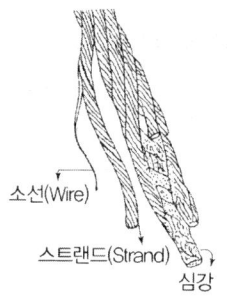

82 와이어로프를 구성에 의해 분류 시 종류 3가지를 쓰시오.

해설 ① 실형
② 필러형
③ 워링톤형
(예) 8×s(19) : 실형 19개선 8꼬임. 엘리베이터 주로프용이다.

83 동력 차단 시 카를 안전하게 정지시킬 수 있는 최대정지거리를 설명하시오.

해설 최대정지거리=감속 주행거리+균형추 측 주행여유 거리

84 엘리베이터용 전동기 브레이크 구조 5가지를 쓰시오.

해설 ① 브레이크 드럼
② 브레이크 슈
③ 라이닝
④ 솔레노이드
⑤ 스프링

85 가이드 레일의 규격에 대하여 4가지를 서술하시오.

해설 ① 레일 규격의 호칭은 소재 1m당 라운드 번호로 하여 K레일 붙여서 사용하는데, K는 m당 kg를 말한다.
② 레일의 표준 길이는 5m이다.
③ T형 레일의 공칭은 8K, 13K, 18K, 24K, 30K이나 대용량 엘리베이터는 37K, 50K 등도 있다.
④ 가이드 레일의 허용응력은 2400kg/cm²이다.

86 승객용 엘리베이터의 정격속도가 300m/min이다. 중력 가속도에 의한 주행거리를 구하시오.

해설 $L = \dfrac{V^2}{2g} = \dfrac{5^2}{2 \times 9.8} = 1.28 \text{m/s}$

※ 300m/min = 5m/s

87 도어 시스템의 종류 4가지를 쓰시오.

해설 ① 중앙개폐(CO : Center Open)
② 측면개폐(SO : Side Open)
③ 상승개폐(UP Sliding)
④ 상하개폐(Vertical Sliding)

88 로프 꼬임에는 보통 꼬임과 랭 꼬임이 있는데, 엘리베이터에서는 보통 Z 꼬임(S 꼬임 사용 안함)을 사용하고 있다. 보통 Z 꼬임에 대하여 설명하시오.

해설 ① 꼬임이 잘 풀리지 않는다.
② 킹크가 생기지 않는다.
③ 하중에 대한 저항이 크다.

89 엘리베이터 브레이크의 구비조건 4가지를 쓰시오.

해설 ① 라이닝은 불연성이어야 한다.
② 밴드 브레이크는 사용되지 않아야 한다.
③ 브레이크 슈 또는 패드 압력은 압축스프링 또는 추에 의해 발휘되어야 한다.
④ 브레이크 제동은 개방 회로의 차단 후에 추가적인 지연없이 유효하여야 한다.

90 엘리베이터 주행 시간에 대하여 설명하시오.

해설 ① 주행시간=가속시간+감속시간+전속 주행시간
② 정격속도와 행정거리에 관계된다.

91 웜 기어와 헬리컬 기어를 비교한 (   )에 적합한 말을 넣으시오.

구분\방식	헬리컬 기어	웜 기어
효 율	( )	( )
소 음	( )	( )
역구동	( )	( )
최대적용속도	120~240m/min	105m/min 이하

해설

구분\방식	헬리컬 기어	웜 기어
효 율	(높다)	(낮다)
소 음	(크다)	(작다)
역구동	(쉽다)	(어렵다)
최대적용속도	120~240m/min	105m/min 이하

92 기계실 내부 점검사항 5가지를 쓰시오.

해설
① 통로 및 출입문
② 기계실 환경
③ 제어반 내 캐비닛, 접촉기, 릴레이, 제어판 기판 등
④ 상승과속방지수단(장치)
⑤ 의도되지 않은 움직임 보호수단
⑥ 권상기
⑦ 고정 도르래, 풀리
⑧ 전동기
⑨ 과속조절기(조속기)

93 유압 엘리베이터의 속도 제어법에 대하여 설명하시오.

해설
① 유량 밸브에 의한 방법
- 미터인 회로 : 유량 제어 밸브를 주회로에 삽입하여 유량을 제어
- 블리드 오프 회로 : 유량 제어 밸브를 주회로에서 분기된 바이패스 회로에 삽입하여 유량을 제어

② 인버터에 의한 방법
전동기를 VVVF(가변전압 가변주파수 제어) 방식으로 제어

94 아래의 논리회로를 유접점 회로로 그리고, 논리식을 쓰시오.

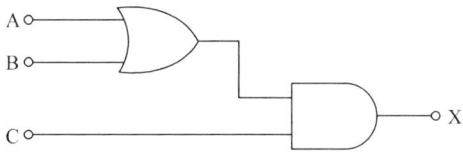

해설 ① 유접점 회로

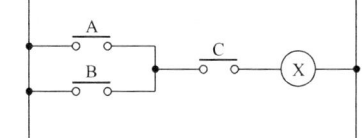

② 논리식 $X = (A + B) \cdot C$

95 도어 클로저에 대하여 설명하시오.

해설
- 승강장의 문이 열린 상태에서 모든 제약이 해제되면 자동으로 닫히게 하는 장치이다.
- 종류는 코일 스프링과 무게추 방식이 있으며 화물용은 문이 커서 무게추형이 사용된다.

96 승강장 자동 동력 작동식 문 닫힘을 저지하는데 필요한 힘은 얼마이며, 이 힘은 문 닫힘 행정의 최소 얼마의 구간에서는 측정되지 않아야 하는가?

해설 문이 닫히는 것을 막는데 필요한 힘은 문이 닫히기 시작하는 1/3 구간을 제외하고 150N을 초과하지 않아야 한다.

97 카문의 문턱과 승강장문의 문턱 사이의 수평 거리는 (　　)mm 이하이어야 한다. 단, 장애자용은 (　　)mm 이하이어야 한다. 승강장문과 카문 전체가 정상 작동하는 동안, 카문의 앞 부분과 승강장문 사이의 수평 거리는 (　　) mm 이하이어야 한다.

해설 35mm 이하, 30 mm 이하, 120 mm 이하

98 카 내에 갇힌 이용자가 외부와 통화할 수 있는 고정된 시설물의 관리 인력이 상주하는 장소는?

해설
① 경비실
② 관리사무소
③ 중앙관제실

99 비상 통화 장치는 건축물이나 고정된 시설물 내의 장소(관리실, 경비실, 관제실 등)와 통화 연결이 되지 않을 때를 대비하여 자동으로 통화 연결이 되어야할 곳은?

해설
① 유지관리업체
② 자체 점검을 담당하는 승강기 유지관리 실무자

100
축전지 용량 24V, 5Ah의 비상전원장치에 12V, 700mA의 전등 2개와 200mA의 전등 2개를 사용할 경우 비상전원의 유지시간은 몇 시간인가? (단, 축전지의 방전율은 60%이다.)

해설 $Q = It\,[\mathrm{Ah}]$에서 $t = \dfrac{Q}{I}\,[\mathrm{h}]$이므로

$$t = \frac{5 \times 0.6}{(0.7 \times 2) + (0.2 \times 2)} \fallingdotseq 1.67\text{시간}$$

101
유압식 엘리베이터의 단점 2가지만 기술하시오.

해설

장점	단점
① 기계실의 배치가 자유롭다. ② 건물 최상층에 하중이 걸리지 않는다. ③ 승강로 상부여유 거리가 작아도 된다.	① 균형추를 사용하지 않으므로 전동기의 소요 동력이 크다. ② 실린더를 사용하므로 행정거리와 속도에 한계가 있다.

102
카 자중 1700kg, 적재하중 1000kg일 때 로프 안전율은? (단, 승강행정 60m, 오버밸런스율 40%, 1본 로프 파단강도 8000kg, 1m당 로프무게 0.70kg, 로프 본 수 6본, 1:1로핑이다.)

해설 로프 안전율 $S_r = \dfrac{k \cdot N \cdot P_r}{P + Q + (N \cdot W_r \cdot H)}$

여기서, S_r=실제 로프 안전율
$\quad k$=로핑계수(1:1일 때 $k=1$, 2:1일 때 $k=2$)
$\quad N$=로프본수
$\quad P_r$=로프파단하중(kgf)
$\quad P$=카 자중(kgf)
$\quad Q$=정격하중(kgf)
$\quad W_r$=로프단위중량(kgf/m)
$\quad H$=승강행정(m)

$$\text{로프 안전율} = \frac{\text{1본 파단강도} \times \text{본 수}}{\text{카 자중} + \text{적재하중} + \text{로프자중}}$$

$$= \frac{8000 \times 6}{1700 + 1000 + (0.70 \times 60 \times 6)} \fallingdotseq 16.26$$

103 완충기의 종류를 쓰시오.

해설 ① 유입 완충기(에너지 분산형 완충기)
② 스프링 완충기(에너지 축적형 완충기)
③ 우레탄식 완충기(에너지 축적형 완충기)

104 유압식 엘리베이터의 사일런서(silencer)에 대하여 설명하시오.

해설 작동유 압력 맥동을 흡수하여 소음을 저감시킨다.

105 에스컬레이터 핸드레일 점검사항 4가지를 나열하시오.

해설 ① 디딤판의 속도와 핸드레일 속도가 동일한지 (0~2% 허용오차)점검
② 파손되어 있는지 점검
③ 표면이 오염(이물질이 묻어 있는지)되어 있는지 점검
④ 손잡이는 정상운행 중 운행 반대 방향에서 450N의 힘으로 당겼을 때 정지되는지에 대한(정지되어서는 안 됨) 점검

106 정격속도 90m/min인 권상기 주도르래를 설치 시 적합한 도르래의 직경은 몇 mm인가? (단, 4극 전동기이며, 주파수는 60Hz, 감속기의 감속비는 45:1이다.)

해설 $D = \dfrac{V \times 1000}{\pi N i} = \dfrac{90 \times 1000}{3.14 \times 1800 \times 0.022} = 723.798 ≒ 723.80 \text{mm}$

※ 회전수 $N = \dfrac{120f}{P} = \dfrac{120 \times 60}{4} = 1800 \text{rpm}$

※ 속도 $V = \dfrac{\pi D N}{1000} \times i \, (\text{m/min})$

※ $i = \dfrac{1}{45} = 0.022$

107 에스컬레이터에 사용되는 조명장치의 종류는?

해설 상·하 승강장 조명장치

108

유입 완충기를 정격속도 180m/min의 승객용 엘리베이터를 사용하여 스프링 복귀식 유입 완충기의 성능 시험을 실시했을 때 완충기의 동작 시간은 0.4sec, 카의 최소 적재 중량은 5000kg이다. 다음 물음에 답하시오.

(1) 완충기가 충돌하는 속도(m/min)는 얼마인가?
(2) 완충기의 평균 감속도는 몇 g_n 인가?
(3) 유입 완충기 최소 행정거리는 얼마 mm 이상이어야 하는가?

해설 (1) 완충기가 충돌하는 속도(m/min)는 얼마인가?
$$V = V_o \times 1.15 = 180 \times 1.15 = 207 \, \text{m/min}$$
(카에 정격하중을 싣고 정격속도의 115%의 속도로 자유 낙하하여 완충기에 충돌할 때 평균 감속도는 $1g_n$ 이하)

(2) 완충기의 평균 감속도는 몇 g_n 인가?
$$\beta = \frac{V}{9.8 \times t} = \frac{3.45}{9.8 \times 0.4} = 0.88 \, g_n$$
※ $\frac{207 \, \text{m/min}}{60} = 3.45 \, \text{m/s}$

(3) 유입 완충기 최소 행정거리는 얼마 mm 이상이어야 하는가?
$$S = 0.0674 \, V^2 \, (\text{m}) = 0.0674 \times 3^2 = 0.6066 ≒ 0.607 \, \text{m} = 607 \, \text{mm}$$

109

12인승 엘리베이터 정격하중 1400kg, 운반속도 210m/min이다. 사용 전동기의 오버밸런스율 0.6, 종합효율 0.8, 전동기효율 0.9일 때 전동기의 소요용량은?

해설 $P = \dfrac{WV(1-F)}{6120 \times \eta_1 \times \eta_2} = \dfrac{1400 \times 210(1-0.6)}{6120 \times 0.8 \times 0.9} = 26.69 \, \text{kW}$

110

1200형 에스컬레이터가 층고 4.5m, 효율 0.8, 1인 75kg, 속도 30m/min, 스텝 폭 1m, 승객 승입률 80%, 경사도는 30°일 때 모터의 용량(kW)은?

해설 $P = \dfrac{GV\sin\theta}{6120\eta} \times \beta = \dfrac{2104.38 \times 30 \times \sin 30°}{6120 \times 0.8} \times 0.80 ≒ 5.16 \, \text{kW}$

※ $G = 270A = 270\sqrt{3} \times W \times H = 270\sqrt{3} \times 1 \times 4.5 = 2104.38 \, \text{kg}$

111 오피스 빌딩에 있어 호텔과 아파트의 평균 운전 간격은?

해설 ① 호텔 : 40초 이하
② 아파트 : 60~90초

112 가변전압 가변주파수 제어 방식에 대하여 설명하시오.

해설 3상의 교류는 컨버터부에서 직류 전원으로 변환하고 다시 인버터부에서 가변전압 가변주파수의 3상교류로 변화하여 전동기에 공급된다.
교류에서 직류로 변경되는 컨버터(Converter)에는 싸이리스터(Thyristor)가 사용되고, 직류에서 교류로 변경하는 인버터(Inverter)에는 트랜지스터(Transistor)가 주로 사용된다. 일반적으로 컨버터 제어 방식을 PAM(Pulse Amplitude Modulation), 인버터 제어 방식을 PWM(Pulse Width Modulation) 시스템이라 한다.

참고 인버터 제어라고도 불리우는 VVVF 제어는 유도 전동기에 인가되는 전압과 주파수를 동시에 변환시켜 직류 전동기와 동등한 제어 성능을 얻을 수 있는 방식이다. 또한 VVVF 제어는 고속엘리베이터에도 유도 전동기를 적용하여 보수가 용이하고 전력회생을 통해 전력소비를 줄일 수 있게 되었다.

113 되먹임 제어계의 일반적인 블록선도이다. ⑧은 무엇인가?

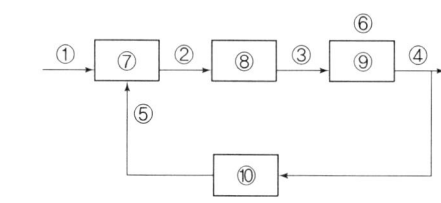

해설 제어부
※ ① 목표값, ② 동작신호, ③ 조작량, ④ 제어량, ⑤ 되먹임량, ⑥ 외란, ⑦ 비교부, ⑧ 제어부, ⑨ 제어대상, ⑩ 검출부

114 소방 스위치는 승강장 바닥에서 위로 얼마의 위치에 설치해야 하는가?

해설 1.4m~2.0m 이내

115 아래 그림에서 전원 $V=220V$, $P_1=5.6kW$, $P_2=2.8kW$일 때 부하의 역률을 구하면?

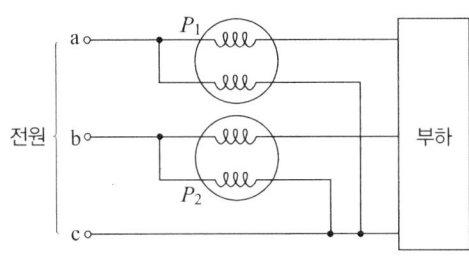

해설 $\cos\theta = \dfrac{P}{P_a} = \dfrac{P_1+P_2}{2\sqrt{P_1^2+P_2^2-P_1P_2}} = \dfrac{5.6+2.8}{2\sqrt{5.6^2+2.8^2-(5.6\times 2.8)}} = 0.86$

116 카 내 정전 시를 대비하여 어떤 장치가 있어야 하는가?

해설 ① 비상전원 공급장치 ② 비상 통화 장치
③ 비상등 ④ 카 천장 비상 구출 장치

117 소방구조용 엘리베이터는 문이 닫힌 후 몇 초 이내에 가장 먼 층에 도착해야 하는가?

해설 60초 이내 가장 먼 층에 도착하여야 한다. (속도는 1m/s 이상일 것)

118 에스컬레이터의 핸드레일 인입구 스위치 점검 방법을 쓰시오.

해설 신체나 이물질이 인입구에 끼었을 때를 가정하여 안전회로를 차단하고 구동기를 정지시킨다. 그리고 브레이크에 전원이 공급되는지 확인한다.

119 고조파 억제 대책 5가지를 쓰시오.

해설 ① 필터 설치 ② 전원 측에 교류 리액터 설치
③ 변환 장치의 다 펄스화 ④ 고조파 성분 발생 부하의 억제
⑤ 변압기 및 배전선의 분리

120. 구름 베어링의 특징을 2가지를 쓰시오.

해설 ① 베어링의 접촉면 사이에 볼(롤러)를 넣어 마찰력 손실이 적다
② 윤활이나 보수가 용이하다.

종류	미끄럼(슬라이딩) 베어링	구름 베어링
구성도	베어링 메탈, 저널(journal)*, 베어링 캡 * 저널(기출) : 베어링과 접촉하고 있는 축 부분	〈롤러 베어링〉 리테이너, 롤러 　〈볼 베어링〉 리테이너, 볼
특징	• 축과 면접촉(기출)을 하기 때문에 큰 힘에 잘 견딤 • 마찰 손실이 큼	• 베어링의 접촉면 사이에 볼, 롤러를 넣은 베어링 • 마찰 손실이 적음 • 윤활이나 보수 용이

121. 아래 그림을 보고 더블 랩의 권부각을 쓰시오.

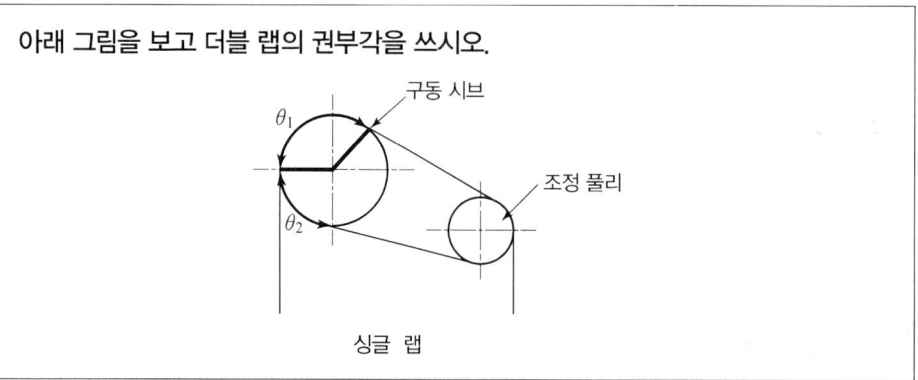

싱글 랩

해설 $\theta_1 + \theta_2$
- 더블 랩 권부각 : $\theta_1 + \theta_2$
- 싱글 랩 권부각 : θ_1

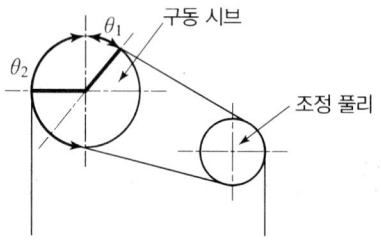

더블 랩

122 카에는 자동으로 재충전되는 비상전원공급장치에 의해 (①)lx 이상의 조도로 (②) 시간 동안 전원이 공급되는 비상등이 있어야 한다. 소방구조용 엘리베이터는 소방운전 시 건축물에 요구되는 (③)시간 이상 동안 다음 조건에 따라 정확하게 운전되도록 설계되어야 한다. 피난용 엘리베이터는 주 전원 또는 보조 전원공급장치에 의해 초고층 건축물의 경우에는 (④)시간 이상, 준초고층 건축물의 경우에는 (⑤)시간 이상 '피난운전' 시킬 수 있어야 한다. 빈칸을 채우시오.

해설 ① 5 ② 1 ③ 2 ④ 2 ⑤ 1

123 주행안내 레일에서 제동 작용에 의해 감속을 주는 추락방지안전장치로 허용 가능한 값까지 카 또는 균형추의 작용하는 힘을 제한하기 위해 만들어진 안전장치는 무엇인가?

해설 점차작동형 추락방지안전장치

124 13인승 60m/min의 엘리베이터에 11kW의 유도 전동기를 사용하고 있다. 13인을 싣고 1층에서 출발할 때 전동기의 회전수가 1,500rpm으로 측정되었다면 전동기의 전부하 토크(τ)는 약 몇 kg·m인가?

해설 전부하 토크

$$\tau = 0.975 \frac{P_0}{N} = 0.975 \frac{P_2}{N_s} \text{kg·m}$$

$$\therefore \tau = 0.975 \frac{11000}{1500} = 7.15 \text{kg·m}$$

여기서, p_2 : 2차 입력
p_0 : 2차 출력

125 정격적재량 800kg, 정격속도 60m/min, 오버밸런스율 45%, 권상기의 총효율 60%인 승강기용 전동기의 필요 출력은 약 몇 kW인가?

해설 유도 전동기 소요 출력

$$P = \frac{QVS}{6120\eta} = \frac{800 \times 60 \times (1-0.45)}{6120 \times 0.6} \simeq 7.2 \text{kW}$$

126 동력 작동 시 중앙개폐문이 닫히는 중에 사람이 출입구를 통과하는 경우 자동으로 문이 열리는 장치가 있어야 한다. 이 장치는 문이 닫히는 마지막 (①)mm 구간에서 무효화될 수 있다. 이 장치(멀티빔 등)는 카문 문턱 위로 최소 (②)mm와 (③)mm 사이의 전 구간에 걸쳐 감지할 수 있어야 한다. 이 장치는 최소 (④)mm의 물체를 감지할 수 있어야 한다.

해설 ① 20 ② 25 ③ 1600 ④ 50

127 문 닫힘 안전장치 3가지를 기술하시오.

해설
- 접촉식 : 세이프티 슈
- 비접촉식 : 광전 장치, 초음파 장치

128 그림의 더블 랩 구조 도르래에서 권부각을 θ로 계산하여 기술하시오.

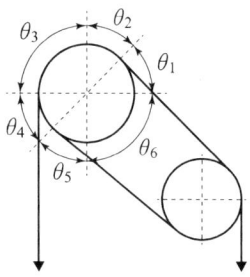

해설 더블 랩 구조로서 주 로프를 주 도르래를 한 번 감고 → 편향 도르래를 감고 → 다시 주 도르래를 감는 구조이며, 권부각을 산출하면 첫 번째 Wrapping 시는 $\theta_3 + \theta_2$이고, 두 번째 Wrapping 시는 $\theta_4 + \theta_3 + \theta_2$이다.
∴ $2(\theta_3 + \theta_2) + \theta_4$이다.

129 엘리베이터용 전동기의 구비조건 3가지를 기술하시오.

해설
① 기동 토크는 크고 기동전류는 작을 것
② 회전부의 관성 모멘트는 작을 것
③ 가격이 싸고 유지보수가 용이할 것

130 다음 그림은 권상기 브레이크를 나타낸 것이다. 주요 구성요소 5가지를 기술하시오.

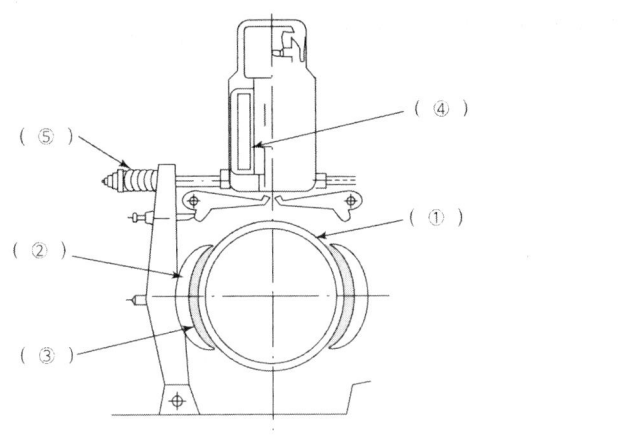

해설 ① 브레이크 드럼
② 브레이크 슈
③ 라이닝
④ 솔레노이드
⑤ 스프링

131 로프식 엘리베이터와 비교하였을 때 유압식 엘리베이터의 특징을 3가지 기술하시오.

해설 ① 기계실을 승강로 직상부에 둘 필요가 없어 배치가 자유롭다.
② 건물의 꼭대기 부분에 하중이 걸리지 않는다.
③ 꼭대기 틈새가 작아도 좋다.
④ 플런저를 사용하기 때문에 행정거리와 속도의 제한이 있다.
⑤ 균형추가 없어 전동기 소요동력이 크고 소비전력이 많다.

132 과속조절기 도르래의 회전을 베벨 기어에 의해 수직축의 회전으로 변환하고, 이 축의 상부에서부터 링크 기구에 의해 매달린 구형의 진자에 작용하는 원심력으로 추락방지안전장치를 작동시키는 과속조절기는 무엇인가?

해설 플라이 볼(Fly Ball)형 과속조절기

133 승객용 엘리베이터 속도 2m/s 적재하중 800kg, 자중 1,600kg의 카가 2:1 로핑 구조로 도르래 1개 구조, 상부체대 길이 $L=125$cm, 단면계수 $Z=230$cm³일 때 상부체대에 작용하는 최대굽힘응력(kg/cm²)은?

해설

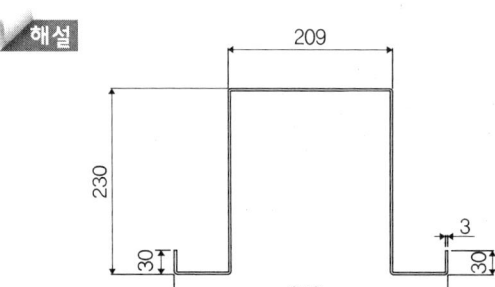

[상부체대 구조]

최대굽힘모멘트의 상부체대는 보 양쪽에서 지지대가 있으므로

$$M_{\max} = \frac{W_T \times L}{4} = \frac{2400 \times 125}{4} = 75000 \text{ kg} \cdot \text{cm}$$

여기서, W_T : 카 측 총중량
L : 보의 길이

∴ 상부체대 최대굽힘응력 $\sigma = \dfrac{M_{\max}}{Z} = \dfrac{75,000}{230} ≒ 326.09 \text{ kg/cm}^2$이다.

여기서, Z : 단면계수(cm³)

134 승강장문 잠금장치 잠금 부품의 결합은 문이 열리는 방향으로 (①)N의 힘을 가할 때 잠금 효과를 감소시키지 않는 방식으로 이루어져야 한다. 승강장문과 카문이 연동되어 동시에 작동되는 경우 문이 닫히는 것을 막는 데 필요한 힘은 문이 닫히기 시작하는 1/3 구간을 제외하고 (②)N을 초과하지 않아야 한다. 또한, 카가 운행 중일 때, 카문의 개방은 (③)N 이상의 힘이 요구되어야 한다.

해설 ① 300
② 150
③ 50

135
밀폐식 승강로는 구멍이 없는 벽, 바닥 및 천장으로 완전히 둘러싸인 구조이어야 한다. 다만, 예외적으로 허용되는 경우 3가지를 기술하시오.

 ① 승강장문을 설치하기 위한 개구부
② 승강로의 비상문 및 점검문을 설치하기 위한 개구부
③ 화재 시 가스 및 연기의 배출을 위한 통풍구, 환기구
④ 엘리베이터 운행을 위해 필요한 기계실 또는 풀리실과 승강로 사이의 개구부

136
미끄럼베어링과 비교했을 때 구름베어링의 특징 3가지를 서술하시오.

 ① 마찰손실이 적다.
② 기동저항과 발열이 작아 고속회전을 할 수 있다.
③ 충격에 약하다.
④ 소음이 생기기 쉽다.

137
소방구조용 엘리베이터는 소방운전 시 건축물에 요구되는 2시간 이상 동안 다음 조건에 따라 정확하게 운전되도록 설계되어야 한다. 다음의 괄호에 알맞은 내용을 기술하시오.

> 소방 접근 지정층을 제외한 승강장의 전기/전자 장치는 (①)℃에서 (②)℃까지의 주위 온도 범위에서 정상적으로 작동될 수 있도록 설계되어야 하며, 승강장 위치표시기 및 누름 버튼 등의 오작동이 엘리베이터의 동작에 지장을 주지 않아야 한다. 위에서 언급한 전기/전자장치를 제외한 소방구조용 엘리베이터의 모든 다른 전기/전자부품은 (③)℃에서 (④)℃까지의 주위 온도 범위에서 정확하게 기능하도록 설계되어야 한다.

 ① 0
② 65
③ 0
④ 40

138

다음의 시퀀스를 이해하고 타임차트의 MC₁, MC₂를 완성하시오.

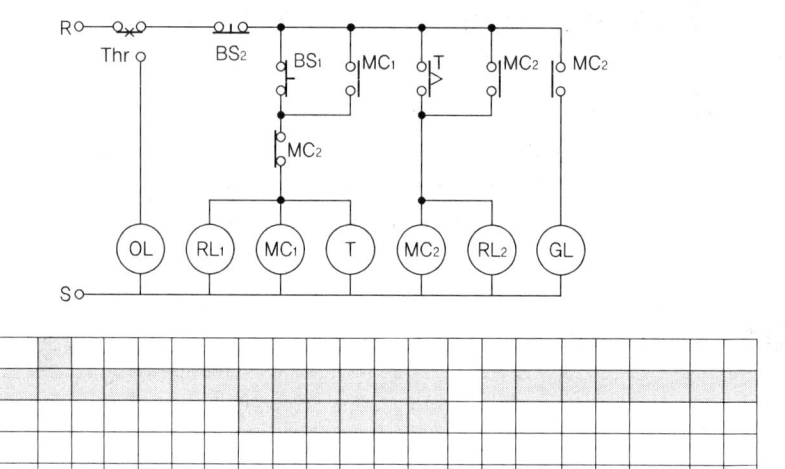

BS₁															
BS₂															
T															
MC₁															
MC₂															

[해설]

BS₁															
BS₂															
T															
MC₁		■	■	■	■	■									
MC₂							■	■	■	■	■				

[동작설명]
① 전원 투입을 하면 GL이 점등된다.
② BS₁ 버튼을 누르면 MC₁, T가 여자 되고 RL₁이 점등된다. 수초 후 타이머 한시 접점이 단락(붙어)되어 MC₁, T는 소자, 그리고 RL₁은 소등되며, MC₂는 여자 RL₂가 점등된다. 그리고 GL은 소등된다.
③ 운전 중 BS₂ 버튼을 누르면 운전 상태는 멈추고 GL만 점등된다.
④ 운전 시 과전류가 흐르면 Thr이 동작되어 OL이 점등된다.

139

승객용 엘리베이터에서 설계용 수평 진도가 $0.4 K_h$, 카 중량이 1,500kg일 때 가이드 레일에 작용하는 지진하중은 몇 kg인가? (단, 상하 가이드 슈의 하중비는 0.6으로 한다.)

[해설] 지진하중 F = 카 중량 × 가이드 슈 하중비 × 수평 진도
$= 1500 \times 0.6 \times 0.4 = 360 \text{kg}$

140 다음의 조건에서 엘리베이터 조명 전원의 인입선의 전선 굵기는 몇 mm²가 가장 적당한가?

- 전선계수 : 39.3
- 선로의 총길이 : 80m
- 대당 소요전류 : 12A
- 전원전압 : 220V
- 허용전압강하율 : 3%
- 승강기의 대수 : 2대
- 전압강하계수 : 0.945

해설 전원선 굵기 $S \geq \dfrac{RIL}{1000eV} \times Nk = \dfrac{39.3 \times 12 \times 80}{1000 \times 0.03 \times 220} \times 2 \times 0.945 \fallingdotseq 10.80\,\text{mm}^2$

∴ 10mm²를 초과하므로 16mm²이다.

여기서,
- R : 전선계수(연동선의 경우 39.3(단상 2선식))
- I : 한 대당 조명용 회로 전 전류(A)
- L : 전선로의 길이(m)
- V : 조명용 전원전압(AC 220V)
- e : 허용전압강하율(3%)
- N : 전원을 공용하는 병렬설치대수(대)
- k : 전압강하계수

141 다음은 인버터 회로도이다. 다음 물음에 답하시오.

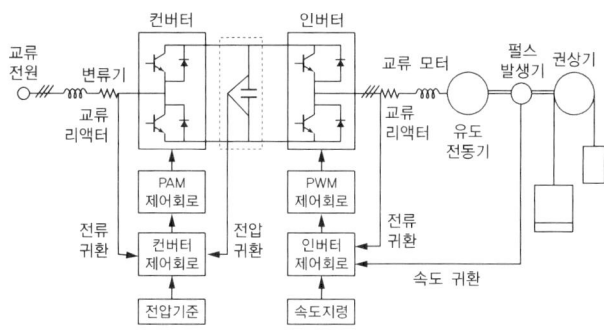

(1) 교류 100V를 입력할 때 컨버터부에서는 몇 V로 변환되는가?
(2) 점선 부분 명칭은 무엇인가?
(3) 점선 부분의 역할에 대해서 간단히 쓰시오.

해설 (1) 부하저항에 걸리는 직류평균전압 $E_{OUT} = 1.35 E_{IN} = 1.35 \times 100 = 135\,\text{V}$

(2) 평활 콘덴서

(3) 컨버터에서 정류된 리플이 포함된 전압을 평활 콘덴서에서 일정하게 만들어 깨끗한 직류 전압을 얻는다.

※ 부하에 걸리는 직류평균전압은 3상 전파이므로 $E_{OUT} = 1.35 E_{IN}$

142
균형추 또는 평형추 측에도 추락방지장치(비상정지장치)를 설치하여야 하는데 어느 경우에 설치하여야 하는가?

해설 승강로 하부에 접근할 수 있는 공간이 있는 경우 균형추 또는 평형추에 추락방지안전장치가 설치되어야 한다.

143
다음의 빈칸을 채우시오.

공칭 회로 전압(V)	시험 전압/직류(V)	절연 저항(MΩ)
SELV 및 PELV > 100VA	250	≥ (①)
≤ 500 FELV 포함	500	≥ (②)
> 500	1000	≥ (③)

SELV : 안전 초저압(Safety Extra Low V Oltage)
PELV : 보호 초저압(Protectivew Extra Low V Oltage)
FELV : 기능 초저압(Functional Extra Low V Oltage)

해설 ① 0.5
② 1.0
③ 1.0

144
적재하중 1150kg, 정격속도 3.5m/s, 오버밸런스율 0.45, 전체효율 86%인 엘리베이터의 용량은?

해설 엘리베이터 용량 $P_{kW} = \dfrac{QV(1-OB)}{6120\eta} = \dfrac{1150 \times 210 \times (1-0.45)}{6120 \times 0.86} = 25.24\,\text{kW}$

145
다음에 해당하는 밸브 및 장치의 명칭을 쓰시오.
(1) 유압 파워유니트에서 실린더로 통하는 배관에 설치하여 밸브를 닫으면 유압유가 역류하는 것을 방지하는 밸브이다. 유압장치의 보수, 점검, 수리 시 사용되는 밸브는?
(2) 유압장치의 소음, 진동을 흡수하는 장치는?

해설 (1) 차단 밸브(Shut off Valve)
(2) 사일런서(Silencer)

146 에너지 분산형 유입 완충기를 정격속도 3m/s의 승객용 엘리베이터를 사용하여 완충기의 성능시험 할 때 점차작동형 추락방지안전장치의 충돌시간은 0.4sec, 카의 적재중량은 1000kg이다. 다음 질문에 답하시오.

(1) 완충기가 충돌하는 속도(m/s)는 얼마인가요?
(2) 유입 완충기 중력정지거리(최소행정거리)는 얼마 (mm) 이상이어야 하는가?
(3) 점차작동형 추락방지안전장치의 평균 감속도는 몇 (g_n) 인가?

 ① 완충기 충돌 속도

$$\triangle V = 1.15 \times V_0 = 1.15 \times 3 = 3.45 \, \text{m/s}$$

카에 정격하중을 싣고 카가 완충기에 정격속도 115%의 속도로 낙하하여 충돌할 때의 속도를 계산한다.

② 중력 정지거리

$$S = 0.0674 V_0^2 (\text{m}) = 0.0674 \times 3^2 = 0.6066 ≒ 0.607\text{m} = 607\text{mm}$$

유입 완충기의 총행정은 정격속도 115%에 상응하는 $0.0674 V^2 (\text{m})$ 이상

③ 점차작동형 추락방지안전장치의 평균 감속도

$$\beta = \frac{\triangle V}{\triangle t} = \frac{\triangle V}{9.8 \times 감속시간} (g_n)$$

$$\beta = \frac{\triangle V_S}{\triangle 9.8 \times t} = \frac{(3.45 - 0)}{9.8 \times 0.4} \simeq 0.88 \, g_n$$

147 다음 빈칸에 대하여 알맞은 내용을 기술하시오.

소방구조용(비상용) 엘리베이터의 정격속도는 ( )m/s 이상이어야 한다.

 1

148 다음 물음에 답하시오.

(1) 출발층으로부터 승객을 싣고 올라갔다가 다시 출발층으로 되돌아올 때까지의 시간은?
(2) 가속·감속시간 및 전속주행시간을 합한 시간은?

해설 (1) 일주시간(RTT)
     (2) 주행시간

149 엘리베이터의 카가 최하층에 있을 때의 전부하 시 트랙션비를 구하라. (단, 로프와 균형체인은 전 행정구간으로 하고 이동케이블은 무시한다.)

- 카 자중 1700 kg
- 로프 : ∅12×6본
- 로프 중량 : 0.484kg/m
- 행정거리 : 90m
- 적재중량 1150 kg
- 균형체인 중량 : 1.59×2본(km/m)
- 오버밸런스율 : 45%

해설 보상 로프를 사용하는 경우 카가 최하층에 있는 경우
- 카 측 중량 = 카 자중+적재하중+로프하중 = 1150+1700+(90×6×0.484)
  = 3111.36kg
- 균형추 측 중량 = 카 자중+(L×F)+보상체인하중 = 1700+(1150×0.45)+(90×1.59×2)
  = 2503.7kg

∴ 트랙션비 = $\dfrac{3111.36}{2503.7}$ ≒ 1.24

150 다음 빈칸을 채우시오.

피트 바닥은 전부하 상태의 카가 완충기에 작용하였을 때 카 완충기 지지대 아래에 부과되는 정하중의 (　)배를 지지할 수 있어야 한다.

해설 피트 강도 $F = 4 \cdot g_n \cdot (P+Q)$
∴ 4배를 지지할 수 있다.

151 엘리베이터 카에 부착하여 동작하는 안전장치 3가지를 쓰고 이를 설명하시오.

해설 ① 과부하 감지장치 : 과부하 시는 정격하중을 10%(최소 75kg)를 초과하기 전에 검출하여 카의 출발을 방지한다.
② 도어 스위치 : 도어가 닫혀 있지 않으면 운전이 불가능하도록 한다.
③ 도어 클로저 : 승장 도어가 열려 있을시 운전이 불가능하게 한다.

152 도어 클로저의 종류 2가지를 쓰시오.

해설 ① 스프링식　② 중력식

153
유압식 엘리베이터의 속도 제어 방식 중 유량 제어 밸브에 의한 방식을 2가지 쓰시오.

해설 ① 미터인 회로
② 블리드 오프 회로

154
다음의 빈칸을 채우시오.

> 권상구동형 엘리베이터는 주행안내 레일 길이는 카 또는 균형추가 최고 위치에 있을 때 가이드 슈/롤러 위로 각각 (　)m 이상 연장되어야 한다.

해설 0.1

155
다음의 조건에서 에스컬레이터의 소요동력(용량)은 몇 kW인가?

- 디딤판의 폭(W) : 1m
- 층고(H) : 4m
- 속도(V) : 30m/min
- 경사각($\sin\theta$) : 30°
- 종합효율(η) : 60%
- 승입률(β) : 80%

해설
- 구조물에 받는 하중
$$G = 270\sqrt{3}\,HW = 270 \times \sqrt{3} \times 4 \times 1 = 1870.56\,\text{kg}$$
- 소요 동력
$$P = \frac{GV\sin\theta}{6120\eta} \times \beta = \frac{1870.56 \times 30 \times \sin 30°}{6120 \times 0.6} \times 0.8 = 7.64\,\text{kW}$$

156
동력전원 설비용량 산정 시 고려해야 할 사항 5가지를 쓰시오.

해설 ① 전압강하
② 전압강하 계수
③ 주위온도
④ 가속전류
⑤ 부등률

157 엘리베이터용 전동기의 구비조건 3가지를 쓰시오.

해설 ① 기동 토크는 크고 기동 전류는 작을 것
② 회전부의 관성 모멘트는 작을 것
③ 가격이 싸고 유지보수가 용이할 것

158 개문출발 방지장치는 엘리베이터의 문이 감지되고 몇 m 이내에서 정지되어야 하는가?

해설 1.2m

159 레일의 규격을 표시할 때 K를 표시하는데 K의 뜻을 설명하시오.

해설 미터(m)당 kg을 말한다.

160 다음의 조건에서 엘리베이터의 속도는 몇 m/min인가?

- 적재하중 : 1,000kg
- 전동기의 극수(P) : 4극
- 권상기 시브 직경(D) : 480mm
- 전동기 효율 : 90%
- 카 자중 : 2,350kg
- 주파수(f) : 60Hz
- 감속비(a) : 1:45
- 오버밸런스율 : 40%

해설
- 회전수 $N = \dfrac{120 \times f}{P} = \dfrac{120 \times 60}{4} = 1800\,\text{rpm}$
- 속도 $V = \dfrac{\pi \times D \times N}{1000} \times a = \dfrac{3.14 \times 480 \times 1800}{1000} \times \dfrac{1}{45} = 60.29\,\text{m/min}$

161 상승과속방지장치의 종류(제동요소의 종류)를 3가지 기술하시오.

해설 ① 로프 제동형 브레이크
② 가이드레일 제동형 브레이크
③ 이중 브레이크
④ 권상기 도르래 제동형 브레이크

162
화물용 엘리베이터에 사용되는 3:1 로핑과 4:1 로핑의 단점 2가지 서술하시오.

해설 ① 로프의 길이가 매우 길어져서 와이어로프 사용이 많아지고 수명이 짧아진다.
② 설비종합효율이 저하된다.

163
과속조절기 로프의 최소 파단하중은 마찰정지형(권상 형식) 과속조절기의 경우, 마찰계수 $\mu_{\max}$가 0.2와 같은 것으로 고려하여 과속조절기가 작동될 때 로프에 발생하는 인장력에 (①) 이상의 안전율을 가져야 한다. 과속조절기의 도르래 피치 직경과 과속조절기 로프의 공칭 직경 사이의 비는 (②) 이상이어야 한다.

해설 ① 8 ② 30

164
MRL(Machine Room Less) 엘리베이터의 장점을 서술하시오.

해설 ① 기계실을 없앰으로써 건축비용을 크게 절감하고 가용면적이 증대된다.
② 건물의 최상층에 하중이 걸리지 않는다.

165
엘리베이터의 안전기준에 따른 기계실·기계류 공간 및 풀리실의 안전기준에서의 기계실 작업구역의 유효 높이는 (①)m 이상, 작업구역 간 이동통로의 유효 높이는 (②)m 이상이어야 한다.

해설 ① 2.1 ② 1.8

166
엘리베이터에 사용되는 방범시설 및 운전 3가지는 어떤 것이 있는지 기술하시오.

해설 ① 방범시설 : 방범창, 방범 카메라, 열추적 감지기
② 방범운전 : 특정층 강제정지장치, 각 층 강제정지운전, 하강 승합전자동식

167
승객용 엘리베이터와 화물용 엘리베이터에 사용되는 전자 브레이크는 정격하중의 몇 %의 부하로 전속 하강 시에도 카를 감속 정지할 수 있어야 하는가?

해설 125%

168 도어 클로저의 기능과 역할 및 종류 2가지를 기술하고 설명하시오.

해설 승강장의 도어가 열린 상태에서 모든 제약이 해제되면 자동적으로 닫히게 하여 문의 개방 상태에서 생기는 2차 재해를 방지한다.
① 스프링식 : 스프링을 이용하여 도어가 자동으로 닫히도록 한다.
② 중력식 : 와이어와 추를 이용한 중력으로 도어가 자동으로 닫히도록 한다.

169 트랙션비를 낮출 수 있는 방법을 3가지 서술하시오.

해설 ① 보상체인 및 로프를 설치하여 카의 위치에 따른 로프 및 이동케이블 등의 무게를 보상한다.
② 오버밸런스율을 크게 한다.
③ 카 자중과 로프 본수를 최소한으로 한다.

170 카 자중 1000kg, 적재하중 1000kg, 스프링의 직경이 150mm, 소재의 직경이 30mm일 때 전단응력(kgf/cm²)은 얼마인가?

해설 $\tau = K\dfrac{8WD}{\pi d^3}$

(K : 응력 수정계수, C : 스프링 정수, $C = \dfrac{D}{d} = \dfrac{150}{30} = 5$)

$K = \dfrac{4C-1}{4C-4} + \dfrac{0.615}{C} = \dfrac{4 \times 5 - 1}{4 \times 5 - 4} + \dfrac{0.615}{5} = 1.3105$

$\tau = 1.3105 \times \dfrac{8(1000+1000) \times 150}{\pi \times 30^3} = 37.08 \text{kg/mm}^2 = 3708 \text{kg/cm}^2$

171 엘리베이터 카 지붕 및 피트에 설치된 점검운전조작반의 구성요소를 3가지 서술하시오.

해설 ① 비상 정지 스위치
② 정상/점검운전 전환 스위치
③ 카의 상승/하강 스위치

172 가이드 레일의 치수 및 치수를 결정하는 요소는 추락방지안전장치 작동 시 (①)과 지진발생 시 (②), 불균형 하중적재 시 발생하는 (③)로 3가지가 있다.

 ① 좌굴하중
② 수평지진력
③ 회전모멘트

173 에스컬레이터 디딤판(스텝)의 트레드 표면에서 측정된 이용 가능한 모든 위치의 연속되는 2개의 스텝 또는 팔레트 사이의 틈새는 (①)mm 이하, 좌우 양쪽에서 측정된 합은 (②) 이하이여야 한다.

 ① 6 ② 7

174 각각의 저항 100Ω, 50Ω, 20Ω의 저항이 병렬로 연결된 회로에 200V의 전압을 인가하였을 때 (A)는 얼마인지 서술하시오.

 합성저항 $R' = \dfrac{1}{\dfrac{1}{R_1}+\dfrac{1}{R_2}+\dfrac{1}{R_3}} = \dfrac{1}{\dfrac{1}{100}+\dfrac{1}{50}+\dfrac{1}{20}} = \dfrac{8}{100}$

∴ 합성저항 $R' = 12.5$

구하는 전류 $I = \dfrac{V}{R'} = \dfrac{200}{12.5} = 16\,[\text{A}]$

175 전기식 엘리베이터의 속도 제어 방법에는 어떤 것이 있는지 4가지 서술하시오.

 • 교류 제어 방식
① 교류 1단 속도 제어
② 교류 2단 속도 제어
③ 교류 귀환 제어
④ VVVF(Variable Voltage Variable Frequency) 제어
• 직류 제어 방식
① 정지 레오너드 방식
② 워드 레오너드 방식

176 다음은 매다는 장치 소선의 파단 기준표이다. 다음의 괄호에 대해 알맞은 내용을 기술하시오.

기 준	마모 및 파손상태
1구성 꼬임(스트랜드)의 1꼬임 피치 내에서 파단 수 (①) 이하	소선의 파단이 균등하게 분포되어있는 경우
1구성 꼬임(스트랜드)의 1꼬임 피치 내에서 파단 수 (②) 이하	파단 소선의 단면적이 원래의 소선 단면적의 (③)% 이하로 되어있는 경우 또는 녹이 심한 경우
소선의 파단 총수가 1꼬임 피치 내에서 6꼬임 와이어로프면 (④) 이하, 8꼬임 와이어로프면 (⑤) 이하	소선의 파단이 1개소 또는 특정의 꼬임에 집중되어있는 경우
마모되지 않은 부분의 와이어로프 직경의 (⑥)% 이상	마모 부분의 와이어로프의 지름

해설 ① 4 ② 2 ③ 70 ④ 12 ⑤ 16 ⑥ 90

177 수직형 휠체어리프트의 정격하중(kg)과 최대하중(kg) 및 정격속도(m/s), 경사도(°)를 기술하시오.

해설
① 정격하중 : 250kg 이상
② 최대하중 : 500kg 이하
③ 정격속도 : 0.15m/s 이하
④ 경사도 : 15° 이하

178 4극의 60Hz의 전동기에서 전부하상태의 회전수가 1764rpm일 때 슬립은 몇 %인지 서술하시오.

해설 $N_S = \dfrac{120f}{P} = \dfrac{120 \times 60}{4} = 1800\,\mathrm{rpm}$

$S = \dfrac{N_S - N}{N_S} = \dfrac{1800 - 1764}{1800} \times 100 = 2\%$

179 카가 완충기에 작용하여 완전히 압축된 스프링 완충기는 몇 %가 압축이 되어야 완전히 압축되었다고 말할 수 있는가?

해설 최대압축하중은 완충기 높이의 90% 압축을 의미하며, 압축률을 더 낮은 값으로 만들 수 있는 완충기의 고정 요소는 고려하지 않는다.

180
2m/s의 정격속도를 가진 완충기의 작동시간이 0.5sec일 때 완충기의 최소행정은 약 몇 mm인지 기술하시오.

해설 ① 에너지축적형 완충기의 최소행정은 2배($0.135\,V^2$ [m]) 이상

에너지 축적형의 중력 정지거리 $0.135\,V^2 = 0.135 \times 2^2 = 0.54\text{m} \simeq 540\text{mm}$ 이상

② 에너지분산형 완충기의 최소행정은 $0.0674\,V^2$ [m] 이상이므로

에너지 분산형의 중력 정지거리 $0.0674\,V^2 = 0.0674 \times 2^2 = 0.2696\text{m} \simeq 269.6\text{mm}$ 이상

181
카 내부에는 정전 시 비상전원 공급장치에 의해서 (①)lx 이상의 조도로 (②)시간 이상 동작할 수 있는 비상조명이 카 내부에 설치되어야 한다.

해설 ① 5
② 1

182
적재하중 1000kg, 정격속도 90m/min, 오버밸런스율 50%, 종합효율 0.6%라고 할 때 전기식 엘리베이터의 전동기 용량(kW)을 구하시오.

해설 유도 전동기 소요 출력

$$P = \frac{QVS}{6120\eta} = \frac{1000 \times 90 \times (1-0.5)}{6120 \times 0.6} \simeq 12.25\,\text{kW}$$

183
승강장문 및 카문이 닫혔을 때의 틈새는 몇 mm까지 허용되는가?

해설
- 중앙개폐식
  - 문짝 간 틈새 및 문짝과 문틀 : 6mm 이하
  - 부품이 마모된 경우 : 10mm 이하
- 수직개폐식
  - 문짝 간 틈새 및 문짝과 문틀 : 10mm 이하
  - 부품이 마모된 경우 : 14mm 이하

184 건물에 화재가 발생시 소방구조용 엘리베이터의 1차 소방운전, 2차 소방운전에 대해서 기술하시오.

해설 ① 1차 소방운전 : 화재 시 소방 목적지까지 1차 이동하는 소방운전 스위치(버튼)이다.
② 2차 소방운전 : 1차 소방 후 2차 소방 목적지까지 이동하기 위한 2차 소방운전 스위치(버튼)이다.

참고 • 1차 소방운전 : 화재 시 소방 목적지까지 1차 이동하는 소방운전으로 안전기준은 다음과 같다.
① 출입문 안전장치와 과부하방지장치의 기능은 정지된다.
② 카 내 행선지 버튼을 계속 누르면 문이 닫히고, 문이 완전히 닫히기 전에 손을 떼면 반전하여 열린다.
③ 카 내 행선지 버튼은 출발 후에 여러 층을 등록시켜도 최초 층에 정지하면 등록은 모두 취소되며 승강장의 호출 버튼에는 응답하지 않는다.
④ 행선지 층에 도착하여 정지하여도 자동으로 문이 열리지 않으며, 문열림 버튼을 계속 누르면 문이 열리고, 문이 완전히 열리기 전에 손을 떼면 반전하여 닫힌다.

• 2차 소방운전 : 1차 소방 후 2차 소방 목적지까지 이동하기 위한 2차 소방운전 스위치이며, 안전기준은 다음과 같다.
① 1차 소방운전 스위치를 작동하여 행선 층 버튼을 계속 눌렀으나 문이 닫히지 않을 때는 2차 소방운전 스위치를 작동하여 문을 연 상태에서 운전한다.
② 행선 층 버튼을 3초간 계속 누르고 있으면 카가 주행을 개시하여 목적 층에 자동으로 도착한다.
③ 행선 층 버튼을 누르고 있는 동안 부저가 울리고 주행 개시 후에는 멈춘다.
④ 목적 층에 도착한 후에는 1차 소방운전 상태로 복귀한다.

185 소방구조용 엘리베이터의 1차 소방 스위치 작동 시 무효화 되는 안전장치를 쓰시오.

해설 ① 출입문 안전장치
② 과부하 방지장치의 기능은 정지된다.

186 주행안내 레일의 설치목적 3가지를 기술하시오.

해설 ① 카와 균형추의 승강로 평면 내의 위치 규제
② 비상정지장치 작동 시 수직하중 유지
③ 카의 자중이나 편심 하중에 의한 카의 기울어짐 방지

187 과부하 감지장치는 정격하중의 (①)%(최소 (②)kg)를 초과하기 전에 과부하를 감지해야 하며, 경보를 울리고 문 닫힘을 저지하며 카의 출발을 방지한다.

해설 ① 10 ② 75

188 최소한 카가 설정한 속도에 도달하였을 때 또는 그 이전에 제어불능 운행을 감지하여야 하며, 균형추가 완충기에 도달하기 전에 카를 정지시키거나 완충기 설계속도 이하로 낮추도록 하는 장치는 무엇인지 쓰시오.

해설 상승과속방지장치

189 과속조절기의 종류를 3가지 쓰시오.

해설 ① 마찰정지(Traction type)형
② 디스크(Disk)형
③ 플라이 볼(Fly Ball)형
④ 양방향 과속조절기

190 승강로에는 모든 출입문이 닫혔을 때 승강로 전 구간에 걸쳐 영구적으로 설치된 전기조명이 있어야 한다. 주어진 항목의 조도를 쓰시오.

해설 ① 카 지붕에서 수직 위로 1m 떨어진 곳 : 50lx
② 피트 바닥에서 수직 위로 1m 떨어진 곳 : 50lx
③ 그 외의 장소 : 20lx

191 승강기는 로프와 이동케이블의 위치변화에 따른 불균형을 보상하기 위해 보상로프 및 보상체인을 설치한다. 다음의 괄호에 알맞은 내용을 기술하시오.

- 정격속도가 (①)m/s 이하인 경우는 보상체인, 보상로프를 설치해야 한다.
- 정격속도가 (②)m/s를 초과한 경우 보상로프를 설치하고 추가로 튀어오름방지장치(록다운비상정지장치)를 설치한다.

해설 ① 3.0 ② 3.5

192. 동력전원설비용량 산정 시 고려사항 3가지를 쓰시오.

해설
① 전압강하   ② 전압강하 계수
③ 주위온도   ④ 가속전류
⑤ 부등률

193. 실형 19본 수 8꼬임으로 구성된 와이어로프를 기호(구성번호)로 쓰시오.

해설 $8 \times S(19)$

표기 방법 : (스트랜드 꼬임 수)×(S : 실형, W : 워링턴형, Fi : 필라형)×(본선 수)

194. 카 천장에 설치되는 비상구출문의 크기는 (①)m×(②)m이며, 여유가 되면 0.5m×0.7m로 한다. 동일 승강로에 카가 (③)대 이상일 때는 카 내 측면 벽에도 비상 구출문을 설치한다.

해설 ① 0.4 ② 0.5 ③ 2

195. 엘리베이터의 정격속도가 1.0m/s, 카 자중이 1000kg, 적재하중이 1000kg, 중력가속도($g_n = 9.81$m/s²)일 때의 피트 바닥의 수직력(N)을 구하시오.

해설 피트 바닥의 수직력

$F = 4 \cdot g_n \cdot (P + Q) = 4 \times 9.81 \times (1000 + 1000) = 78480 \, \text{N}$

196. (①)는 일종의 압력조절 밸브로서 압력이 일정치 (②)%를 초과하는 것을 (③)는 오일이 한 쪽 방향으로만 흐르게 하는 밸브로서, (④) 방향으로 흐르게 하고 반대 방향으로는 흐르지 않게 한다. (⑤)는 배관의 파손 등으로 압력이 설정치를 초과하여 카의 운행을 정지시켜 카가 자유낙하하는 것을 방지한다.

해설 ① 안전 밸브(릴리프 밸브)
② 125
③ 체크 밸브
④ 상승
⑤ 럽처 밸브

197 승강장에서 이용하는 시각적 또는 청각적 신호장치 3가지를 쓰시오.

해설 ① 홀랜턴(군관리 방식에 적용)
② 층 표시기(HPI)
③ 음향신호 호출 버튼(장애인용)

198 다음의 조건에 의해서 상부체대의 최대굽힘모멘트, 응력 및 안전율을 구하시오.

- 카 자중 : 1,960kg
- 상부체대 스팬길이 : 210cm
- 허용응력(σ_a) : 4,100cm²
- 적재하중 : 1,350kg
- 상부체대 단면계수 : 420cm³

해설

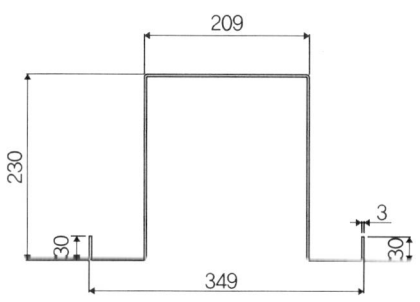

$$M_{\max} = \frac{(P+Q) \times L}{4}$$

상부체대 구조

- 최대 굽힘모멘트 : 상부체대는 보 양쪽에서 지지대가 있으므로
  $$M_{\max} = \frac{W_T \times L}{4} = \frac{(1960+1350) \times 210}{4} = 173775 \,\text{kg} \cdot \text{cm}$$
  여기서, W_T : 카 측 총중량
  L : 보의 길이

- 최대굽힘응력
  $$\sigma = \frac{M_{\max}}{Z} = \frac{173775}{420} \fallingdotseq 413.75 \,\text{kg/cm}^2$$
  여기서, Z : 단면계수(cm³)

- 상부체대의 안전율(s.f)
  $$s.f = \frac{\sigma_a}{\sigma} = \frac{4100}{413.75} \fallingdotseq 9.91$$

199 건물에서 화재 등 비상상황 발생 시 승객의 안전한 대피를 돕기 위해서 건물에 상주 중인 경비원, 소방운전을 하는 소방관을 제외한 훈련된 인력으로 건물에서 비상상황 발생 시 승객을 대피시키고 승강기를 관리하는 인력은 무엇인가?

해설 승강기 안전관리자

200 로핑계수 2, 로프 본수 5, 로프 파단강도 5,990kg/cm², 카 자중 1,000kg, 적재하중 2,800kg, 로프하중 205kg, 균형도르래 중량 430kg일 때 로프의 안전율(S)을 구하시오. (단, 승강행정 60m, 오버밸런스율 45%이다.)

해설 $S_r = \dfrac{k \cdot N \cdot P_r}{P + Q + (W_{rwt}/k)}$

(2 : 1 로핑은 로프의 양쪽 끝은 히치플레이트에 고정되어 있어 로프하중은 $W_r/2$을 적용)

여기서, S_r : 실제 로프 안전율
k : 로핑계수(1 : 1일 때 $k=1$, 2 : 1일 때는 2)
N : 로프본수
P_r : 로프파단하중(kg)
P : 카 자중(kg)
Q : 정격하중(kg)
W_r : 로프단위중량(kg/m)
W_{rwt} : 로프 총중량(kg)=(로프 단위중량×행정거리×본수)/k
H : 승강행정(m)

∴ 로프의 안전율

$S_r = \dfrac{k \cdot N \cdot P_r}{P + Q + W_{rwt}/2}$

$= \dfrac{2 \times 5 \times 5990}{1000 + 2800 + (205/2)}$

$= \dfrac{59900}{3902.5} \simeq 15.35$

주) 2:1 로핑 시 로프 한쪽 전단에 작용하는 텐션은 로프자중의 1/2임, 균형추 도르래 자중은 이 문제와는 아무런 영향을 미치지 않음.

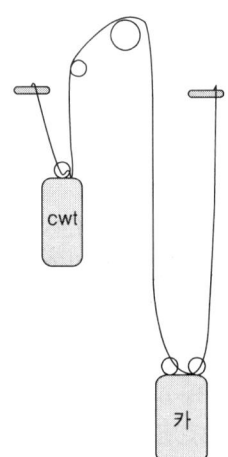

201
기어드 권상기의 점검사항 3가지를 기술하시오. (예: 전동기 : 발열, 이상 소음. 단, 예는 쓰지 말 것)

해설 ① 감속기의 유량 및 노후 상태
② 감속기 및 관련부품의 노후 및 작동상태
③ 도르래 홈의 마모상태
④ 베어링의 노후상태

참고 아래에 점검항목 중 3개만 기록하면 된다.

점검항목	점검내용	점검방법	점검주기
1.1.1.8 감속기	가) 윤활유의 유량 및 노후상태	육안	1/3
	나) 감속기 및 관련 부품의 노후 및 작동상태	육안	1/1
	다) 이상 소음 및 진동 발생상태	육안	1/3
1.1.1.9 도르래	가) 도르래 및 관련 부품의 마모 및 노후상태	육안	1/1
	나) 도르래 홈의 마모상태	측정	1/3
1.1.1.10 베어링	가) 베어링 및 관련 부품의 노후·작동상태	육안	1/1
	나) 이상 소음 및 진동 발생상태	육안	1/3
1.1.1.11 전동기	가) 전동기 및 관련 부품의 노후·작동상태	육안	1/1
	나) 이상 소음 및 진동 발생상태	육안	1/3

202
기계식 주차장치의 종류 5가지를 기술하시오.

해설 수직순환식 주차장치, 수평순환식 주차장치, 다층순환식 주차장치, 2단식 주차장치, 다단식 주차장치, 승강기식 주차장치, 승강기슬라이드식 주차장치, 평면왕복식 주차장치, 특수형식 주차장치

203
운반기가 정지하고 있을 때에 자연하강에 의하여 아래층에 주차하고 있는 자동차 등을 손상할 위험이 있는 경우에는 이를 보정하는 장치 또는 이것을 대신할 수 있는 장치는 무엇인가?

해설 자연하강 보정장치

204 에스컬레이터의 안전장치 5개를 기술하시오.

해설 구동 체인 안전장치, 스텝 체인 안전장치, 비상정지 스위치, 스커트가드 안전 스위치, 핸드레일 안전장치, 핸드레일 인입구 안전장치(인레트 스위치)

205 다음은 수직형 휠체어리프트에 대한 안전기준이다. 다음의 빈칸에 대한 괄호에 알맞은 내용을 기술하시오.

> 수직형 휠체어 리프트는 수직에 대한 경사도가 (①)°를 초과하지 않는 유도되는 경로를 따라 지정된 층 사이를 운행해야 하며, 정격속도는 (②)m/s 이하여야 하고, 정격하중은 (③)kg 이상이고, 최대 허용하중은 (④)kg 이하여야 한다.

해설 ① 15°
② 0.15
③ 250
④ 500

206 다음은 기계실 출입문에 대한 안전기준이다. 다음의 반칸의 괄호에 대해 알맞은 내용을 기술하시오.

> • 기계실의 출입문의 치수는 높이 (①)m, 폭 (②)m 이상
> • 주택용 기계실의 출입문의 폭 (③)m, 높이 (④)m 이상

해설 ① 1.8m
② 0.7m
③ 0.6m
④ 0.6m

207 포지티브 구동(권동)식 엘리베이터의 단점 2가지를 기술하시오.

해설 ① 균형추를 사용하지 않으므로 감아올릴 때 중력이 커지고 소요동력이 크다.
② 승강행정이 달라질 때마다 다른 권동이 필요하다. 특히 높은 행정은 곤란하다.
③ 지나치게 감아올릴 위험이 있다.

208. 트랙션비에 대해서 기술하고 트랙션비를 개선하는 방법 1가지를 기술하시오.

해설 (1) 트랙션비란?

카 측 매다는 장치에 걸려 있는 중량과 균형추 측 매다는 장치에 걸려 있는 중량의 비를 트랙션비라고 하고, 무부하 및 전부하의 상승과 하강 방향에서 1에 가깝게 두 값의 차가 작게 되어야 매다는 장치와 도르래 사이의 견인비 능력, 즉 마찰력이 작아야 로프의 수명이 길게 되고 전동기의 출력을 작게 할 수 있다.

(2) 트랙션비를 개선시키기 위한 방법
① 균형로프 또는 균형체인을 설치한다.
② 카 자중을 줄인다.
③ 오버밸런스율을 크게 한다.
④ 로프 중량을 줄인다.

209. 정격속도 84m/min 완충기 동작시간이 0.6초일 때 완충기의 평균 감속도는 얼마인가? (단, 중력가속도는 $1g_n = 9.80$이다.)

해설 평균 감속도 $\beta = \dfrac{V}{9.8\,T} = \dfrac{\left(\dfrac{84}{60}\right) \times 1.4}{9.8 \times 0.6} = 0.27$

210. 전압 250V, 전류 30A, 3상 유도 전동기 출력이 11kW일 때 역률을 구하시오.

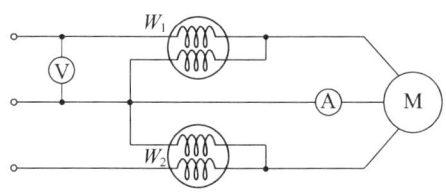

해설 전압 Ⓥ, 전류 Ⓐ SMS 선간전압, 선전류를 의미한다.

$P = \sqrt{3}\,V_l I_l \cos\theta = 3\,V_s I_s \cos\theta\,[\mathrm{W}]$ 에서

$P = \sqrt{3}\,V_l I_l \cos\theta = \sqrt{3} \times 250 \times 30 \times \cos\theta = 11 \times 10^3$

∴ 역률 $\cos\theta = \dfrac{11 \times 10^3}{\sqrt{3} \times 250 \times 30} ≒ 0.85 = 85\%$

211
다음은 소방구조용 엘리베이터의 비상구출문에 대한 안전기준이다. 다음의 괄호에 대해 알맞은 내용을 기입하시오.

> 카 상부의 지붕에 설치되는 비상구출문의 유효개구부의 크기는 (①)m × (②)m 이상이어야 하고, 하나의 승강로에 2대 이상의 엘리베이터가 있는 경우, 카 벽에 비상구출문을 설치할 수 있다. 다만, 카 간의 수평거리는 (③)m를 초과할 수 없다.

해설 ① 0.4
② 0.5
③ 1.0

212
다음은 유압식 엘리베이터에 사용되는 밸브의 기능에 대한 내용이다. 알맞은 밸브의 명칭을 기술하시오.

(1) 압력 조절 밸브로서 압력이 과도하게 상승(125%)하는 것을 방지하는데, 상승 시는 전부하 압력의 140%가 넘지 않도록 하는 밸브 : (①) 밸브

(2) 유압 유의 흐름을 한쪽 방향으로만 오일이 흐르도록 하는 밸브이며, 기능은 로프식 엘리베이터의 전자 브레이크와 유사하다 : (②) 밸브

(3) 오일이 실린더로 들어가는 곳에 설치하여 압력배관이 파손되었을 때 자동적으로 밸브를 닫아 카가 급격히 떨어지게 되는 것을 방지하는 밸브 : (③) 밸브

해설 ① 안전 밸브(릴리프 밸브)
② 체크 밸브
③ 럽처 밸브

213
엘리베이터의 정격속도가 84m/min이라고 할 때, 추락방지안전장치가 작동하기 위한 과속조절기의 최소 트립 속도와 최대 트립 속도의 값을 서술하시오. (계산 과정과 답안을 모두 기입할 것. 단, 단위는 m/s로 한다.)

해설 정격속도 $V = \dfrac{84\,\text{m/min}}{60\,\text{min}} = 1.4\,\text{m/s}$

정격속도 1m/s 초과에 사용되는 점차 작동형 추락방지안전장치의

최대 트립 속도 : $1.25 \cdot V + \dfrac{0.25}{V}\,\text{m/s}$

∴ $1.25 \cdot V + \dfrac{0.25}{V} = 1.25 \cdot 1.4 + \dfrac{0.25}{1.4} ≒ 1.93\,\text{m/s}$

214
엘리베이터 도어를 열고 닫는 도어 머신에 사용되는 모터의 종류에는 직류 모터와 교류 모터가 있다. 이때 교류 모터와 비교한 직류 모터의 장점 2가지를 서술하시오.

해설 ① 동작이 원활하고 정숙하며 소형 경량이 필요한 경우는 직류 모터가 적합하다.
② 가속과 감속의 동작이 많은 곳에 직류 모터가 적합하다.

215
엘리베이터에 사용되는 직류 전동기의 속도 제어 방식 3가지를 기술하시오.

해설 ① 계자 제어   ② 전압 제어   ③ 저항 제어

216
다음은 에너지 축적형인 비선형 완충기에 대한 안전기준이다. 다음의 괄호에 알맞은 내용을 기술하시오.

> 카의 질량과 정격하중, 또는 균형추의 질량으로 정격속도의 115%의 속도로 카 완충기에 충돌할 때에 감속도는 (①)g_n 이하이어야 하고, (②)g_n를 초과하는 감속도는 (③)초보다 길지 않아야 한다.

해설 ① 1   ② 2.5   ③ 0.04

217
다음은 카문의 개방에 대한 안전기준이다. 다음의 괄호에 알맞은 내용을 기술하시오.

> 엘리베이터가 어떤 이유로 인해 잠금해제구간에서 정지한다면, 다음과 같은 위치에서 손으로 승강장문 및 카문을 열 수 있어야 하고, 그 힘은 (①)N을 초과하지 않아야 한다. 카 내부에 있는 사람에 의한 카문의 개방을 제한하기 위하여 다음과 같은 수단이 제공이 되어야 하는데, 카가 운행 중일 때, 카문의 개방은 (②)N 이상의 힘이 요구되어야 하며, 카가 잠금해제구간 밖에 있을 때, 카문은 (③)N의 힘으로 50mm 이상 열리지 않아야 하며, 자동 동력 작동 상태에서도 문은 열리지 않아야 한다.

해설 ① 300N   ② 50N   ③ 1,000N

218

다음은 에스컬레이터의 스텝 및 팔레트에 대한 안전기준이다 다음 문항에 각각 알맞은 내용을 서술하시오.

(1) 에스컬레이터 스텝의 깊이 : (①)
(2) 에스컬레이터 스텝의 높이 : (②)
(3) 에스컬레이터 스텝의 폭 : (③)

해설 ① 0.38m 이상
② 0.24m 이하
③ 0.58 ~ 1.1m

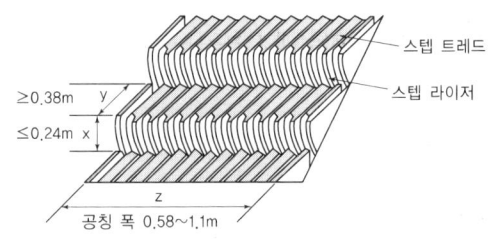

디딤판의 안전기준

219

다음은 엘리베이터 카와 균형추를 권상하는 주 권상로프의 안전기준을 열거한 내용이다. 다음의 괄호에 알맞은 내용을 기술하시오.

로프의 공칭 직경은 (①)mm 이상이어야 하며, 권상 도르래의 직경과 로프의 공칭직경 사이의 비율은 로프의 가닥수와 상관없이 (②)배 이상이어야 한다.
3가닥 이상의 로프에 의해 구동되는 권상 도르래의 안전율은 (③) 이상이어야 한다.
매다는 장치와 매다는 장치 끝부분 사이의 연결은 매다는 장치의 최고 파단하중의 (④)% 이상을 견딜 수 있어야 한다.

해설 ① 8　　② 40　　③ 12　　④ 80

220

승강로 주행거리가 33m이다. 이때 엘리베이터 카 주행 시 1m당 에너지를 1kWh씩 소비하고, 승객을 싣고 출발할 때의 에너지를 9kWh 소비할 때 왕복주행을 한 엘리베이터 카의 일주 에너지(kWh)는 몇 kWh가 소비되는지 서술하시오. (계산 과정과 답안을 모두 기술할 것)

해설 일주 에너지 W = 빈카 에너지 + 승객 실었을 때 에너지
$= 1\text{kWh} \times 33\text{m} + 9\text{kWh} \times 33\text{m}$
$= 330\text{kWh}$

221 카 자중 및 이동케이블과 보상로프를 합한 하중이 2,500kg, 정격하중이 1,600kg인 유압식 엘리베이터가 에너지 분산형 완충기에 작용될 때 전체 수직력의 값을 서술하시오. (단, 작동하는 멈춤쇠 장치는 4개이고, 정답과 계산풀이 과정을 기입할 것)

해설 유압식 엘리베이터의 경우

에너지 분산형 완충기가 적용된 멈춤쇠 장치의 전체 수직력

$$F = \frac{2 \times g_n \times (P+Q)}{n} = \frac{2 \times 9.8 \times (2500+1600)}{4} = 20090 \, \text{N}$$

여기서, F : 멈춤 쇠 장치가 작동하는 동안에 고정 정지 위치에 작용하는 전체 수직력(N)
g_n : 중력 가속도(9.81m/s^2)
n : 멈춤 쇠 장치 수
Q : 정격하중(kg)
P : 카 자중 및 이동케이블, 보상 로프/체인 등 카에 의해 지지되는 부품의 중량(kg)

222 스프링 완충기의 강도 계산 시 다음의 2가지의 경우에 답하시오.

(1) 스프링 전단응력(하중)이 1/4이 될 때 스프링 선경(소선의 지름) d는 어떻게 되는지의 관계에 대해 서술하시오. (단, 작용하중, 스프링 지수는 변하지 않으며 보정계수 k는 1이다.)

(2) 스프링 지수 C가 작아지면 전단응력이 작아진다. 하지만 스프링 지수를 작게 하게 되면 발생하게 되는 문제점과 원인을 상세히 기술하시오.

해설 (1) 전단응력 $\tau = K\dfrac{8D}{\pi d^3}P$에서 소선의 직경 $d = \sqrt[3]{\dfrac{8DP}{\pi \tau}}$ 이다.

τ를 1/4로 바꾸면 소선의 직경

$$d' = \sqrt[3]{\frac{8DP}{\pi(\tau/4)}} = \sqrt[3]{4}\left(\sqrt[3]{\frac{8DP}{\pi\tau}}\right) = \sqrt[3]{4}\, d = 1.59d$$

즉, τ를 1/4로 바꾸면 소선의 직경은 1.59배 커진다.

(2) 스프링 지수 $C = \dfrac{D}{d}$가 작아지려면 d가 크게 또는 D를 작게 하면 된다.

전단응력 $\tau = K\dfrac{8C}{\pi d^2}P$에서 스프링 지수 C가 작아지면 전단응력 τ가 작아진다.

223 그림과 같은 드럼에서 75000N · mm의 제동 토크가 작용하고 있는 경우, 레버 끝에서 200N의 힘을 가하여 제동하려면 이 드럼의 지름은 약 몇 mm이어야 하는가? (단, 브레이크 블록과 드럼의 마찰계수(u)는 0.2이고, 그림에서 길이 단위는 mm이다.)

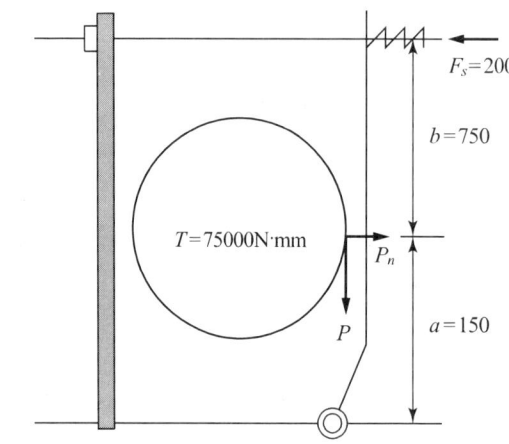

F_s : 코일 스프링에 작용하는 힘
P_n : 브레이크 드럼 반력
P : 제동력

해설 정역학적 평형조건에서 한 지점에서의 모멘트의 합은 0($\Sigma M=0$)이 되어야 하므로

$P_n \times a - F_s \times (a+b) = 0$에서 $P_n = \dfrac{F_s \times (a+b)}{a}$ ⋯⋯⋯⋯⋯ ①

비틀림 모멘트(토크) $T = \dfrac{D}{2}P = \dfrac{D}{2} \cdot \mu P_n$에서 $D = \dfrac{2T}{\mu P_n}$ ⋯ ②

조건을 대입하면 브레이크 드럼 반력

$P_n = \dfrac{200 \times (150+750)}{150} = 1200\,\text{N}$ ⋯⋯⋯⋯⋯⋯⋯⋯⋯⋯ ③

∴ ②식에 수치를 대입하면 브레이크 드럼의 직경

$D = \dfrac{2 \times 75000}{0.2 \times 1200} = 625\,\text{mm}$

제2장 논리회로 및 불대수 문제

01 회로의 논리식 $Z = (A+B+C) \cdot (ABC+D)$를 유접점 회로와 무접점 회로로 그리시오.

 해설

① 유접점 회로

② 무접점 회로

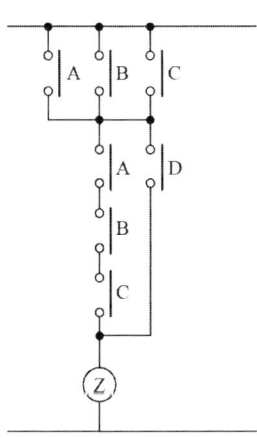

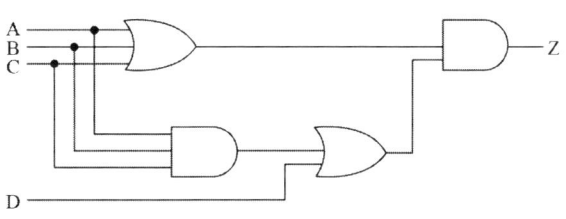

참고 ▶ 논리회로

1) AND 회로

① 시퀀스 회로 ② 진리표 ③ 논리회로 ④ 논리식

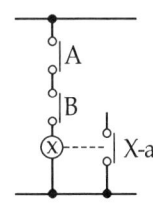

입력		출력
A	B	X
0	0	0
0	1	0
1	0	0
1	1	1

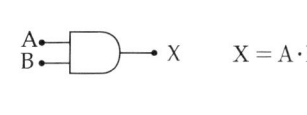 $X = A \cdot B$

2) OR 회로

① 시퀀스 회로 ② 진리표 ③ 논리회로 ④ 논리식

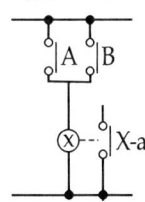

입력		출력
A	B	X
0	0	0
0	1	1
1	0	1
1	1	1

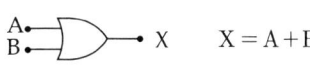 $X = A + B$

02 아래 그림은 10개의 접점을 가진 스위칭회로이다. 이 회로의 접점수를 최소화하여 스위칭회로를 그리시오. (단, 논리식을 최대한 간략화 하는 과정을 기술하시오.)

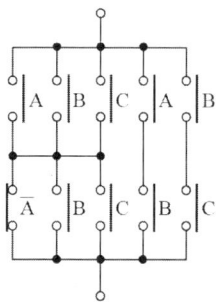

① 논리식 :
② 유접점 회로 :

해설 ① 논리식 : $X = B + C$

②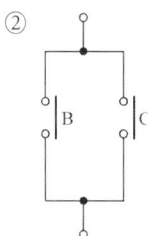

참고 $X = (A+B+C)(\overline{A}+B+C) + AB + BC$
$= A\overline{A} + AB + AC + \overline{A}B + BB + BC + \overline{A}C + BC + CC + AB + BC$
$= AB + \overline{A}B + AC + \overline{A}C + BC + BC + BC + AB + B + C$
$= B + C + BC + B + C = B + B + C + C + BC$
$= B + C + BC = B(C+1) + C$
$= B + C$

$A\overline{A} = 0$, $BB = B$, $CC = C$, $AB + \overline{A}B = B(A+\overline{A}) = B$, $AC + \overline{A}C = C(A+\overline{A}) = C$,
$BC + BC + BC = BC$, $AB + B = B(A+1) = B$, $B + B = B$, $C + C = C$

03 그림과 같은 논리회로를 보고 다음 각 물음에 답하시오.
(가) 논리식으로 표현하시오.
(나) AND, OR, NOT회로를 이용한 등가회로를 그리시오.
(다) 유접점(릴레이) 회로로 그리시오.

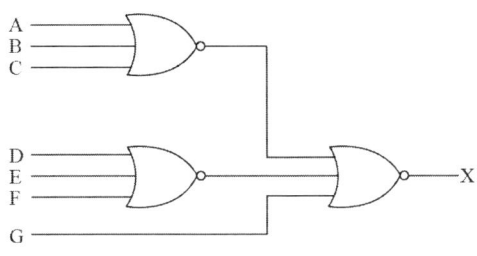

해설 (가) $X = (A+B+C) \cdot (D+E+F) \cdot \overline{G}$

(나)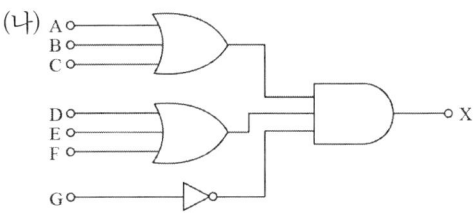

(다)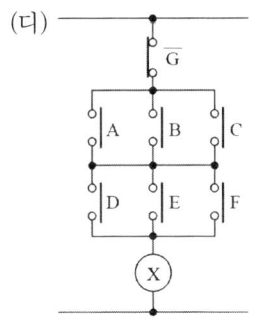

참고 (가) $X = \overline{\overline{(A+B+C)} + \overline{(D+E+F)} + G}$
$= \overline{(\overline{A} \cdot \overline{B} \cdot \overline{C}) + (\overline{D} \cdot \overline{E} \cdot \overline{F}) + G}$
$= (A+B+C) \cdot (D+E+F) \cdot \overline{G}$

(나) 논리회로

1) AND 회로

① 시퀀스 회로   ② 진리표   ③ 논리회로   ④ 논리식

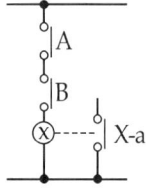

입력		출력
A	B	X
0	0	0
0	1	0
1	0	0
1	1	1

$X = A \cdot B$

2) OR 회로

① 시퀀스 회로   ② 진리표   ③ 논리회로   ④ 논리식

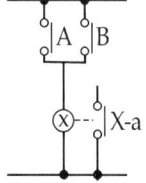

입력		출력
A	B	X
0	0	0
0	1	1
1	0	1
1	1	1

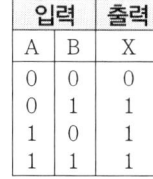

$X = A + B$

3) NOT 회로

① 시퀀스 회로   ② 진리표   ③ 논리회로   ④ 논리식

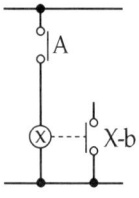

입력	출력
A	X
0	1
1	0

$X = \overline{A}$

04 다음 그림과 같은 유접점 회로를 보고 각 물음에 답하시오.

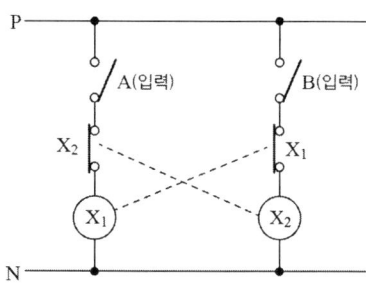

(가) 회로에 대한 논리회로를 그리시오.

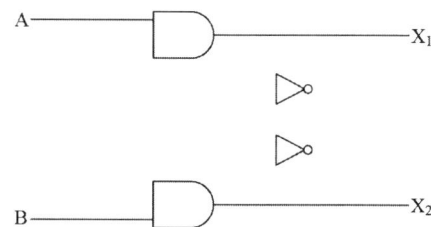

(나) 회로에 대한 동작상황을 타임차트로 완성하시오.

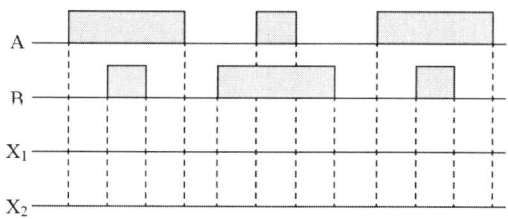

(다) 회로에서 접점 X_1과 X_2의 관계를 무엇이라 하는가?

해설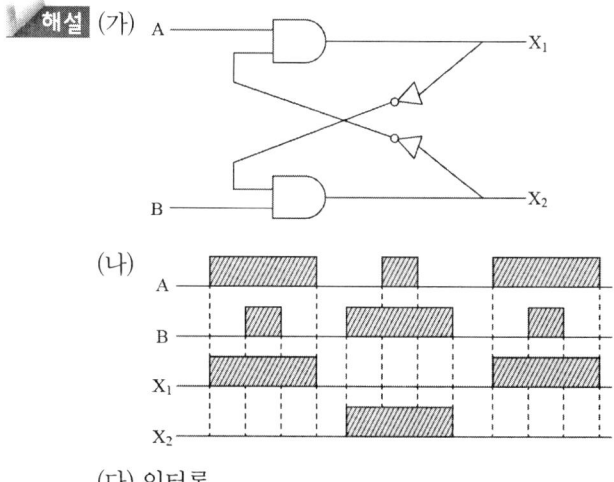

(다) 인터록

05 아래 그림과 같은 논리회를 이용하여 다음 각 물음에 답하시오.

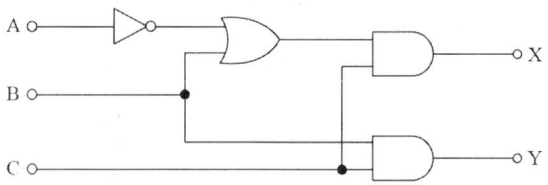

(가) A, B, C에 각각 1이 입력되면 X, Y에는 어떤 출력이 나오겠는가?
(나) X와 Y에 대한 논리식을 쓰시오.

해설 (가) X = 1, Y = 1

(나) X = ($\overline{A}$+B)C, Y = BC

참고 (가)

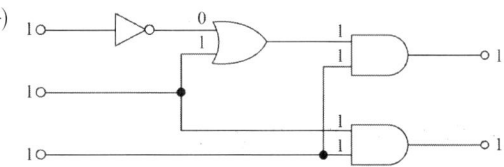

X = ($\overline{A}$+B) · C = (0+1) · 1 = 1, Y = B · C = 1 · 1 = 1

(나)

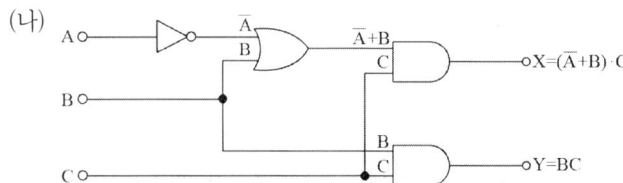

06

두 입력상태가 같을 경우 출력이 없고 두 입력 상태가 다른 경우 출력이 생기는 회로를 배타적 논리합(EXCLUSIVE OR)회로라 한다. 아래 그림과 같은 배타적 논리합회로를 참조하여 각 물음에 답하시오.

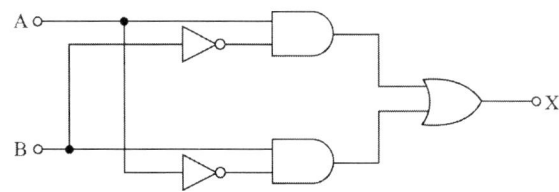

(가) 논리식을 쓰시오.
(나) 유접점 릴레이회로를 그리시오.
(다) 타임차트를 완성하시오.

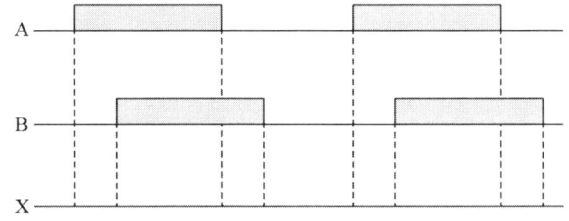

(라) 회로의 진리표를 작성하시오.

A	B	X

해설 (가) $X = A\overline{B} + \overline{A}B$

(나) 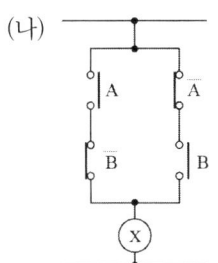   (다)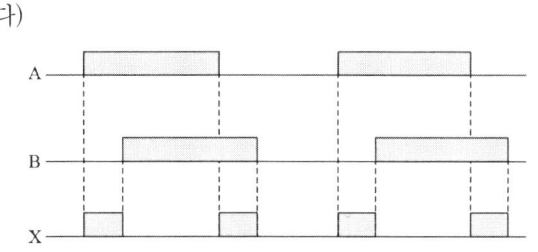

(라)

A	B	X
0	0	0
0	1	1
1	0	1
1	1	0

제3장 시퀀스 회로 문제

01 다음 설명을 보고 동작이 가능하도록 미완성 도면을 완성하시오.

[동작설명]

① 배선용 차단기 MCCB를 넣으면 녹색램프 ⓖⓛ이 점등된다.

② PB_1을 누르면 전자접촉기 코일 ⓜⓒ에 전류가 흘러 주접점 ⓜⓒ가 닫히고, 전동기가 회전하는 동시에 ⓖⓛ램프가 소등되고 ⓡⓛ램프가 점등된다. 이때 손을 떼어도 동작은 계속 된다.

③ PB_0을 누르면 전동기가 정지하고 ⓡⓛ램프가 소등되며 ⓖⓛ램프가 다시 점등된다.

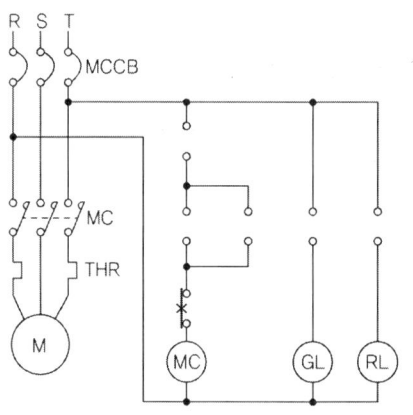

해설

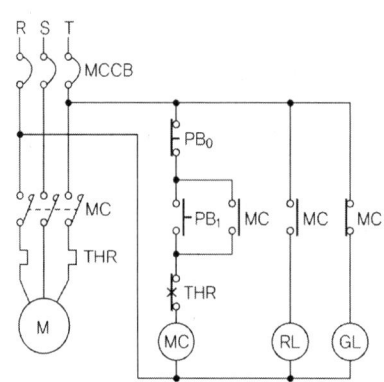

02

다음 회로에서 램프 ⓛ의 작동을 주어진 타임차트에 표시하시오. (단, PB : 누름 버튼 스위치, LS : 리미트 스위치, Ⓡ : 릴레이이다.)

(가)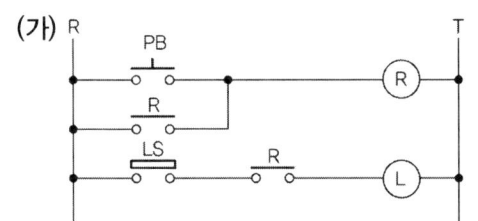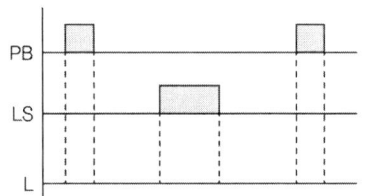

(나)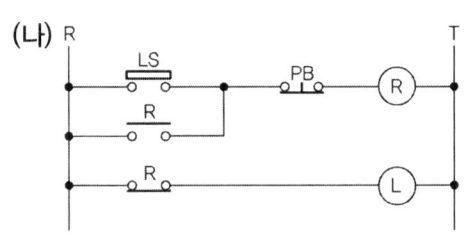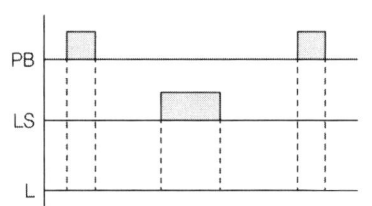

해설 (가)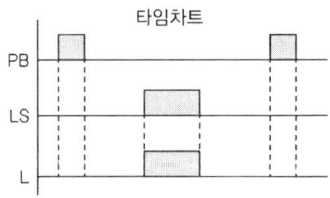

(나)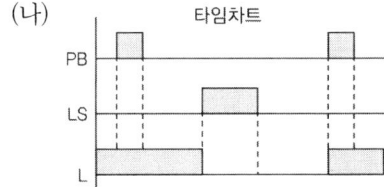

03 아래의 동작설명 참조하여 미완성된 시퀀스회로를 완성하시오. (단, 각 접점 및 스위치의 명칭을 도면에 표시하시오.)

[동작설명]
① 전원 MCCB를 투입하면 정지 표시등램프 ⓖⓛ이 점등된다.
② 전원이 투입된 상태에서 PBS₁ 스위치를 누르면 전자접촉기 ⓜⓒ가 여자되어 전동기가 기동된다.
③ 이때 전자접촉기 보조접점 MC-a 접점이 폐로되어 전동기 기동표시등인 ⓡⓛ이 점등된다.
④ 그리고 전자접촉기 보조접점 MC-b 접점이 개로되어 정지표시등 램프 ⓖⓛ이 소등된다.
⑤ 그리고 타이머 코일 ⓣ가 여자되어 설정된 시간이 지나면 전자접촉기 ⓜⓒ가 소자되어 전동기가 정지되어 모든 상태는 PBS₁ 스위치를 누르기 전의 상태로 된다.
⑥ 전동기가 기동된 상태에서 PB₀ 스위치를 누르면 PBS₁ 스위치를 누르기 전의 상태로 된다.
⑦ 전동기에 과전류가 발생하면 THR이 동작되어 전동기는 정지하고 모든 접점은 최초의 상태로 된다.
⑧ 이때 고장표시등 ⓨⓛ이 점등된다.

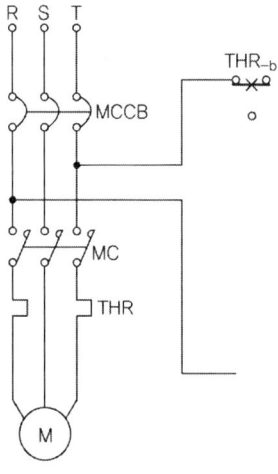

해설

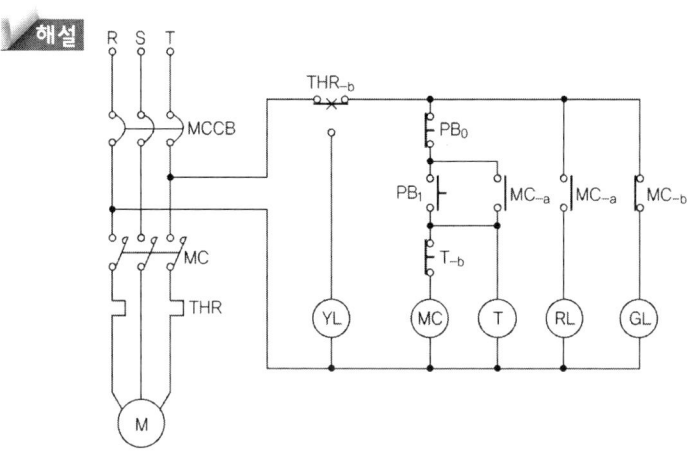

04 다음 도면은 타이머를 이용하여 기동시에는 Y로 기동하고 설정시간이 지나면 자동적으로 △운전되는 Y-△ 기동회로의 미완성 도면이다. 도면을 보고 다음 각 물음에 답하시오.

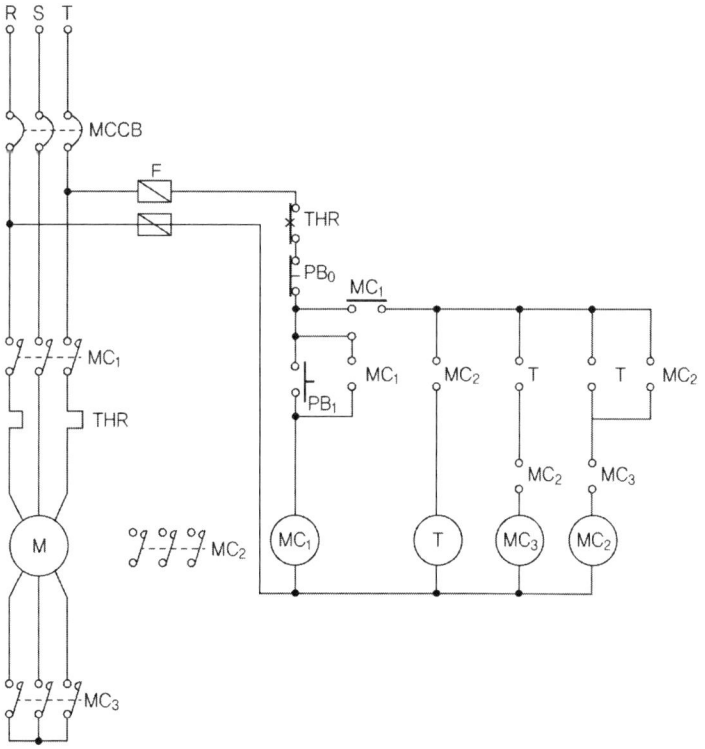

(가) 타이머를 이용한 Y-Δ 미완성 기동 회로를 완성하시오.
(나) Y-Δ 기동 방식으로 운전하는 이유는 무엇인가?
(다) 다음은 기동 회로의 동작에 대한 설명이다. (   ) 안에 알맞은 답을 쓰시오.
  (1) PB_1(기동용 누름 스위치)를 누르면 (①)과(와) (②)가(이) 여자되어 주접점 MC_1이 닫히면서 전동기가 Y기동 된다. PB_1에서 손을 떼어도 계속 Y 기동된다. 동시에 타이머 코일도 여자된다.
  (2) 타이머의 설정시간 t가 지나면 (③)접점이 열려 (④)가(이) 소자되어 Y기동이 정지되고 (⑤)가(이) 붙어 (⑥)가(이) 여자되면서 Δ운전으로 전환된다.
  (3) (⑦)와(과) (⑧)는(은) 인터록이 유지되어 안전운전이 된다.
  (4) PB_0(정지용 누름 스위치)를 누르거나 전동기에 과부하가 걸려 (⑨)이 작동하면 운전 중인 전동기는 정지한다.

해설 (가)

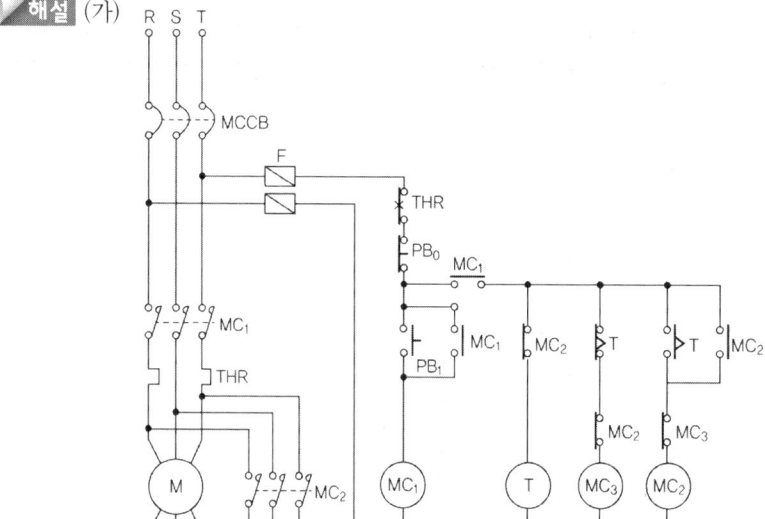

(나) 기동전류를 작게 하기위하여

(다) (1) ① MC_1, ② MC_3
    (2) ③ T_{-b}, ④ MC_3, ⑤ T_{-a}, ⑥ MC_2
    (3) ⑦ MC_2, ⑧ MC_3
    (4) ⑨ THR

05

도면은 Y-△ 기동회로의 미완성회로이다. 이 회로를 보고 다음 각 물음에 답하시오.

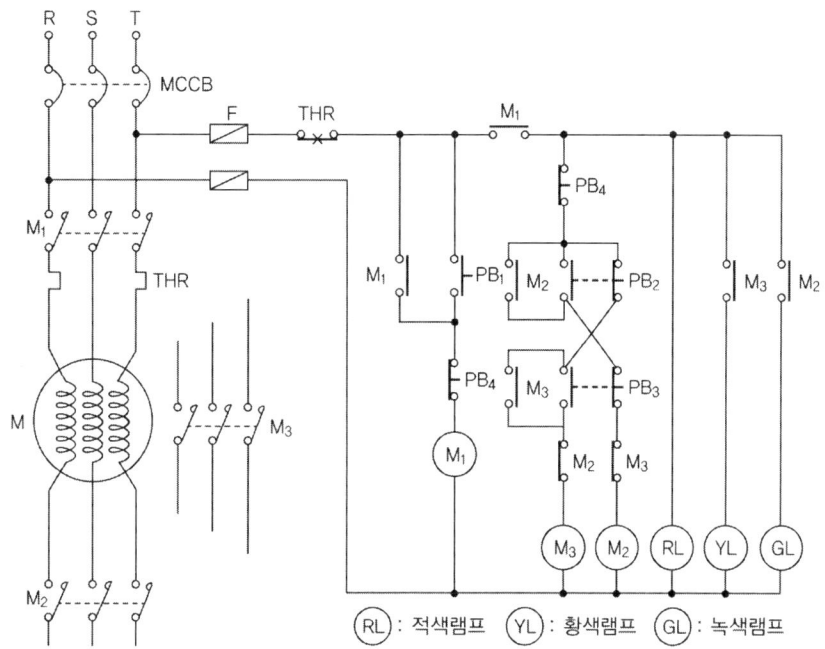

(가) 누름 버튼 스위치 PB₁을 누르면 어느 램프가 점등되는가?
(나) 전자개폐기 M₁이 동작되고 있는 상태에서 PB₂를 눌렀을 때 어느 램프가 점등되는가?
(다) 전자개폐기 M₁이 동작되고 있는 상태에서 PB₃를 눌렀을 때 어느 램프가 점등되는가?
(라) 도면에서 THR은 무엇을 나타내는가?
(마) MCCB의 명칭은?
(바) 주회로 부분의 미완성된 Y-△회로를 완성하시오.

 (가) RL 램프

(나) GL 램프

(다) YL 램프

(라) 열동계전기

(마) 배선용 차단기

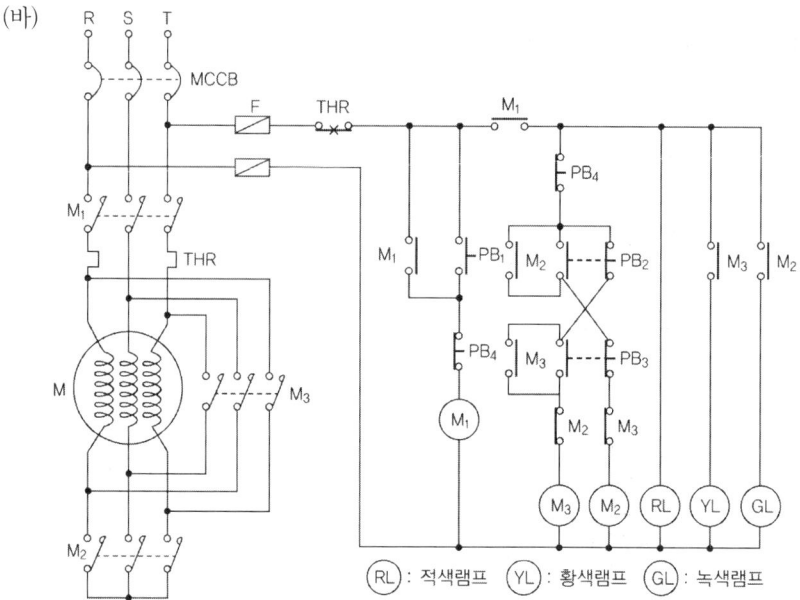

06 도면은 3상 유도 전동기의 Y-△ 기동 방식의 미완성 운전회로 도면이다. 도면을 보고 다음 각 물음에 답하시오.

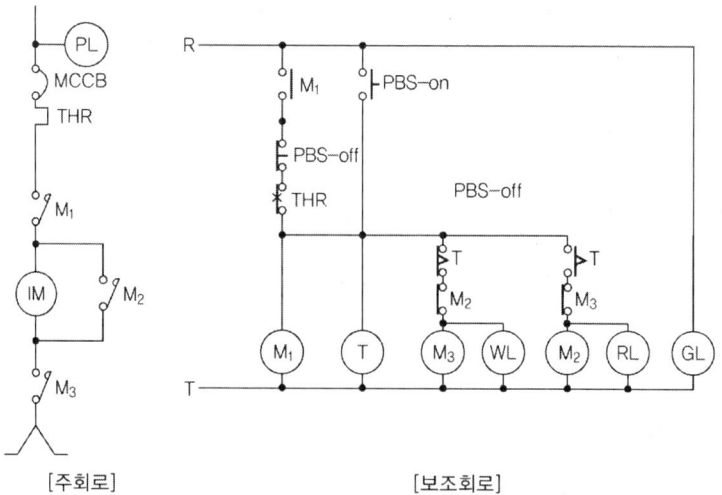

[주회로]　　　　　　　　[보조회로]

(가) 주회로의 단선도를 복선도로 그리시오.
(나) 회로도에서 표시등의 도시기호 PL, GL, WL, RL은 각각 어떤 상태를 표시하는지 쓰시오.

해설 (가)

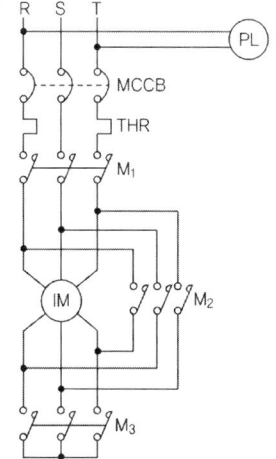

(나) PL : 주회로 전원표시등
　　GL : 보조회로 전원표시등
　　WL : Y 운전표시등
　　RL : △ 운전표시등

07 그림은 상용전원 정전 시 예비(비상)전원으로 전환하고 정전복구시에는 사용전원을 전환되도록 구성한 전동기 기동회로의 미완성회로도이다. 아래의 시퀀스 제어 절차에 따른 누락된 접점 및 소자의 명칭과 접점기호를 표시하여 회로도를 완성하시오.

[조건]
① PB_1을 누르면 전자접촉기 MC_1이 여자되고 RL이 점등되며 전자접촉기 보조접점 MC_{1-a}가 폐로되어 자기유지 되면서 전자접촉기 MC_1의 주접점이 닫혀서 유도 전동기는 상용전원으로 운전된다.
② 상용전원으로 운전 중 PB_3를 누르면 MC_1이 소자되어 유도 전동기는 정지하고 상용전원 운전표시등 RL은 소등된다.
③ 상용전원 정전 시 예비전원으로 전환하기 위하여 PB_2를 누르면 전자접촉기 MC_2가 여자되어 GL이 점등되며, 전자접촉기 보조접점 MC_{2-a}가 폐로되어 자기 유지됨과 동시에 전자접촉기 MC_2의 주접점이 닫혀 유도 전동기는 예비 전원으로 운전된다.
④ 예비전원으로 운전 중 상용전원으로 전환하기 위하여 PB_4를 누르면 MC_2가 소자되어 유도 전동기는 정지하고 예비전원 운전표시등 GL은 소등한다.

⑤ 열동계전기(THR1, THR2)가 동작하면 MC_1 또는 MC_2를 소자시켜 운전 중인 유도 전동기는 정지한다.
⑥ 예비전원과 상용전원이 동시에 공급되지 않도록 인터록 회로가 구성되어 있다.

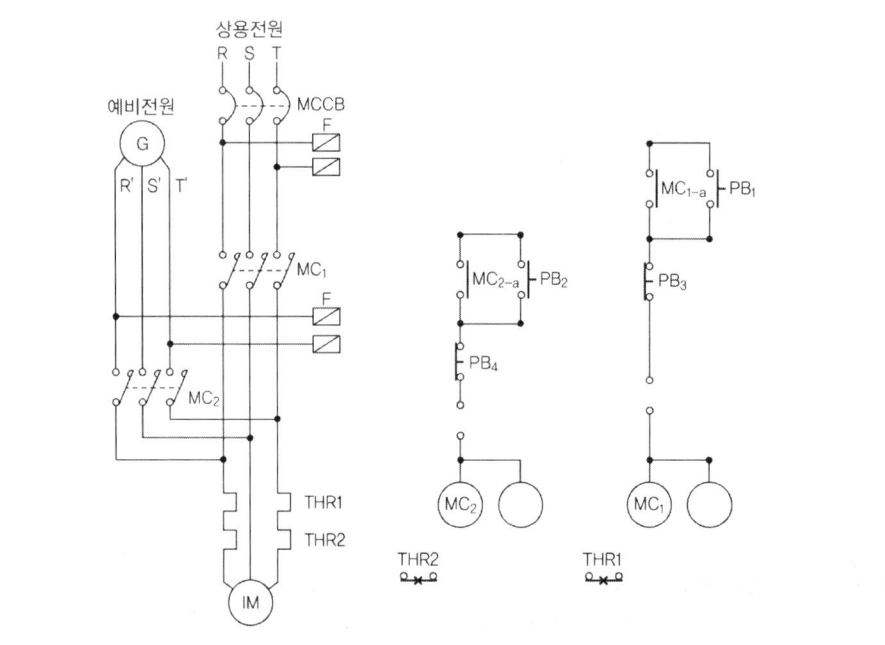

해설

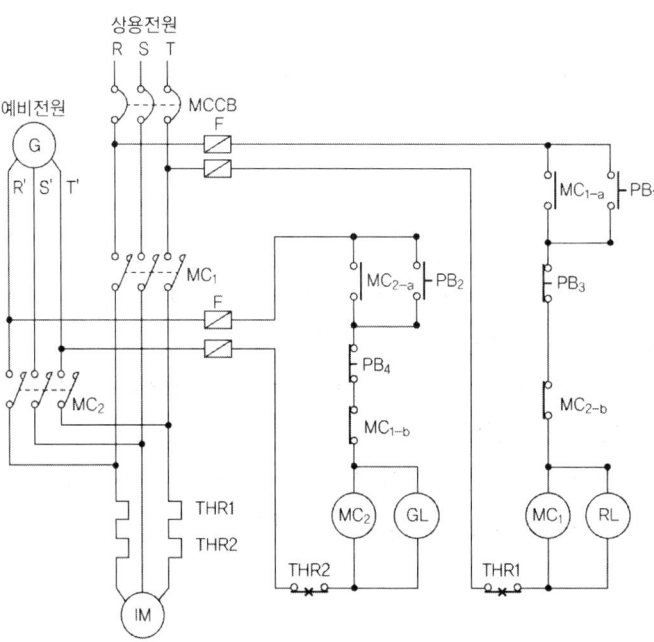

Point 요점 정리

01 추락방지안전장치

1) 기능(작동조건)

카가 정격속도의 115% 이상 하강할 때 전기식 엘리베이터 또는 유압식 엘리베이터는 카 측에 이 장치를 설치하여 카의 추락을 방지시켜 안전사고를 예방한다. 단, 승강로 피트 하부가 사무실이나 통로로 사용되어 사람이 출입하는 곳이면 균형추 측에도 설치해야 한다.

2) 종류

종 류		동작 특징	사용처
즉시 작동형 (Slake Rope Safety) (롤러식 추락방지안전장치)		레일을 감싸고 있는 블록과 레일 사이에 롤러를 물려서 카를 즉시 정지시키는 구조이다.	1 m/s 이하 유압식 EL
점차작동형 추락방지안전장치	FGC (Flexible Guide Clamp)	• 레일을 죄는 힘이 동작에서 정지까지 일정하다. • 구조가 간단하고 복귀가 쉬워 널리 사용된다.	1 m/s 초과 중·고속 EL
	FWC (Flexible Wedge Clamp)	• 레일을 죄는 힘이 동작 초기에는 약하나 점점 강해진 후 일정하다. • 구조가 간단하고 복귀가 쉬워 널리 사용된다.	

▲ 정지력-제동거리 특성곡선

02 과속조절기

1) 기능(작동조건)

① 카의 추락방지안전장치를 작동시키기 위한 과속조절기는 정격속도의 115% 이상의 되었을 때이며 또한, 다음과 같은 속도의 미만에서 작동되어야 한다.
- 캡티브 롤러형을 제외한 즉시 작동형 추락방지안전장치 : 0.8m/s
- 캡티브 롤러형의 추락방지안전장치 : 1m/s
- 정격속도 1m/s 이하에 사용되는 점차 작동형 추락방지안전장치 : 1.5m/s
- 정격속도 1m/s 초과에 사용되는 점차 작동형 추락방지안전장치
  : $1.25 \cdot V + \frac{0.25}{V}$ [m/s]

② 과속조절기에는 추락방지안전장치의 작동과 일치하는 회전 방향 표시가 있어야 한다.

③ 과속조절기가 작동될 때, 과속조절기에 의해 생성되는 과속조절기 로프의 인장력은 다음 두 값 중 큰 값 이상이어야 한다.
- 최소한 추락방지안전장치가 물리는 데 필요한 값의 2배
- 300N

2) 종류

① 마찰정지(Traction type)형 과속조절기
도르래 홈과 로프 사이의 마찰력으로 비상 정지시킨다.

② 디스크(Disk) 과속조절기
원심력에 의해 진자가 움직이고 가속 스위치를 작동시켜서 정지시킨다. 추(weight)형과 슈(shoe)형 방식이 있다.

③ 플라이볼(Fly Ball) 과속조절기
도르래의 회전을 베벨 기어에 의해 수직축의 회전으로 변환하고, 이 축의 상부에서부터 링크 기구에 의해 매달린 구형의 진자에 작용하는 원심력으로 작동시킨다.

④ 양방향 과속조절기
과속조절기의 캐치가 양방향으로 비상정지 작동시킬 수 있는 구조이다.

03 상승과속방지장치

1) 기능(작동조건)

① 속도 감지 및 감속 부품으로 구성된 이 장치는 카의 상승과속을 감지하여 카를 정지시키거나 균형추 완충기에 대해 설계된 속도로 감속시켜야 한다. 다음 조건에

서 활성화되어야 한다.
- 정상 운전
- 직접 육안으로 관찰할 수 없거나 다른 방법으로 정격속도 115% 미만으로 제한되지 않는 수동구출운전

② 내장된 이중장치가 아니고 정확한 작동이 자체 감시되지 않는다면 속도 또는 감속을 제어하고, 카를 정지시키는 다른 부품의 도움 없이 ①을 만족시켜야 한다.
③ 빈 카의 감속도가 정지단계 동안 $1g_n$를 미만이어야 한다.
④ 작동 수단은 카, 균형추, 로프 시스템, 권상 도르래, 두 지점에서만 정적으로 지지되는 권상 도르래와 동일한 축 중 하나이다.
⑤ 장치의 복귀 후에 엘리베이터가 정상 운행되기 위해서는 전문가의 개입이 요구된다.

2) 종류

브레이크 종류	기 능	비고
로프 제동형 브레이크	유압원 및 기계적 수단을 이용하여 개문출발 발생 시 주로프 또는 보상로프를 제동시킴으로써 카를 정지시키는 구조	로프 브레이크
주행레일 제동형 브레이크	카 또는 균형추에 추락방지안전장치를 설치하여 개문출발 발생 시 카를 정지시키는 구조	양방향 추락방지안전장치
이중 브레이크	권상 도르래에 설치된 브레이크로 모든 기계적 요소(솔레노이드 플런저, 코일 등)가 2세트로 설치된 구조이며, 하나의 부품이 제동력을 발휘하지 못하면 나머지 하나의 브레이크가 제동력을 확보하여 카를 정지시키는 구조	디스크식, 드럼식
권상기 도르래 제동형 브레이크	권상 도르래를 직접 제동하여, 카를 정지시키는 구조	SHEAVE JAMMER
유압 밸브 브레이크	직렬로 연결된 2개의 전기적으로 작동되는 유압 밸브를 이용하여 개문출발 발생 시 유체 흐름을 통제하여 카를 정지시키는 구조	LOCK 밸브

04 개문출발방지장치 정지 요건

1) 안전기준
① 카의 개문출발이 감지되는 경우 승강장으로부터 1.2m 이하이다.
② 승강장문 문턱과 카 에이프런의 가장 낮은 부분 사이의 수직거리는 200mm 이하이다.
③ 반-밀폐식 승강로의 경우 카 문턱과 카의 입구쪽 승강로 벽의 가장 낮은 부분 사이의 거리는 200mm 이하이다.

④ 카 문턱에서 승강장문 상인방까지 또는 승강장문 문턱에서 카문 상인방까지의 수직거리는 1m 이상이다.
⑤ 이 값은 승강장의 정지 위치에서 움직이는 카의 모든 하중(무부하에서 정격하중의 100%까지)에 대해서 유효해야 한다.

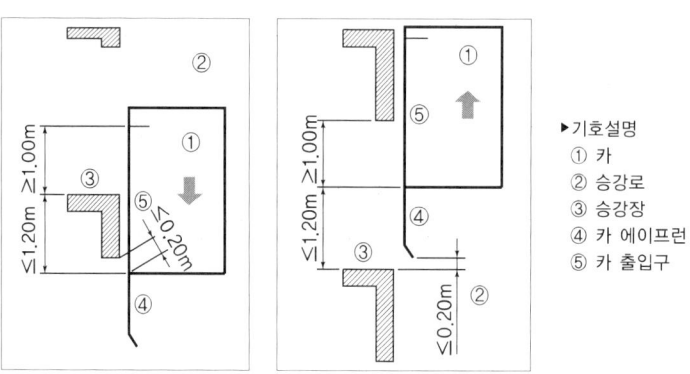

▲ 상승 및 하강 움직임에 대한 개문출발방지장치 정지 요건

05 완충기

1) 기능

 카, 균형추가 최하층에 정지하여야 하나 자유 낙하하여 완충기에 충돌할 때 발생하는 순간적인 충격을 저장, 분산하여 카에 탑승한 승객의 부상 방지하기 위해 설치한다.

2) 종류 및 안전기준

① 에너지 축적형 완충기

가. 선형특성 에너지 축적형 완충기(스프링 완충기)
- 총행정은 정격속도의 115%에 상응하는 중력 정지거리의 2배($0.135v$[mm]) 이상, 그 값이 65mm 미만이다.
- 카 측 완충기는 카 자중과 정격하중을 더한 값(균형추 측 완충기 행정의 경우에는 균형추 무게)의 2.5배~4배 사이의 정하중으로 상기의 행정이어야 한다.

나. 비선형특성 에너지 축적형 완충기(우레탄 완충기)
- 카에 정격하중 카가 정격속도의 115%의 속도로 자유낙하하여 카 완충기에 충돌할 때의 평균 감속도는 $1\,g_n$ 이하이다.
- $2.5\,g_n$를 초과하는 감속도는 0.04초 이내이다.
- 카의 복귀속도는 1m/s 이하이다.
- 작동 후에는 영구적인 변형이 없어야 한다.

② 에너지 분산형 완충기(유입식 완충기)
- 총행정은 정격속도의 115%에 상응하는 중력 정지거리 2배($0.135v$[mm]) 이상이다.
- 카에 정격하중을 실은 카가 정격속도의 115%의 속도로 자유 낙하하여 카 완충기에 충돌할 때의 평균 감속도는 $1g_n$ 이하이다.
- 작동 후에는 영구적인 변형이 없을 것이다.
- $2.5g_n$를 초과하는 감속도는 0.04초 이내이다.
- 완충기의 정상 복귀를 확인하는 전기안전장치를 설치하여 완충기가 작동 후 정상 위치로 복귀 되어야만 엘리베이터가 정상 운행한다.
- 작업자가 완충기 액체의 바닥 수준을 확인할 수 있는 리미트 스위치가 부착되었다.

06 엘리베이터의 조명의 조도

1) 기계실의 조명 조도 안전기준
  ① 작업공간의 바닥 면 : 200lx
  ② 작업공간 간 이동 공간의 바닥 면 : 50lx

2) 승강로의 조명 조도 안전기준
  ① 카 지붕에서 수직 위로 1m 떨어진 곳 : 50lx
  ② 피트 바닥에서 수직 위로 1m 떨어진 곳 : 50lx
  ③ 그 이외의 지역 : 20lx

3) 카 내 주조명 조도 안전기준
  ① 카 내부 : 100lx
  ② 장애인용의 카 내부 : 150lx

4) 비상등 조명 조도 안전기준
  ① 조도 : 5lx
  ② 조건 : 정전 후 즉시 전원이 공급되어 60초 이상 밝기를 유지할 수 있는 예비조명장치

07 엘리베이터 카에 부착하여 동작하는 안전 스위치의 종류

① 도어 스위치 : 도어가 닫히지 않으면 카가 움직이지 않도록 한다.
② 과부하 감지 스위치 : 정격하중 110% 초과 시 음향신호와 함께 도어가 열리고, 카가 출발하지 못하도록 한다.

③ 비상구출문 열림 감지 스위치 : 카 천장 또는 카 측면(패널)의 비상구출문이 열리면 카가 움직이지 않도록 하고 정지시킨다.

④ 출입문 문닫힘 안전 스위치 : 문의 닫힘 동작 과정에서 승객, 물체 등이 감지되면 문을 다시 열고 안전한 승하차를 돕는 스위치로서 종류는 접촉식 세이프티 슈, 비접촉인 광전장치, 초음파 슈가 있다.

⑤ 손가락 낌임 감지 안전 스위치 : 도어문짝 틈새, 도어와 잠 틈새 사이에 손가락이 낌임 감지을 감지하여 카가 움직이지 않도록 하고 정지시킨다.

08 문 닫힘 안전장치의 종류

1) 기능

카문의 닫힘 동작 과정에서 승객, 물체 등이 감지되면 카문을 다시 열고 안전한 승하차를 돕는 안전 스위치

2) 종류
① 접촉식 : 세이프티 슈
② 비접촉식 : 광전 장치, 초음파 장치

09 도어클로저의 종류

1) 기능

승강장문이 카문과 연동에 의해 열리는 방식으로 카문이 연동되지 않은 승강장문은 열린 상태에서 여는 힘을 제거하면 스프링(추)의 무게로 승강장문이 스스로 닫히게 하는 장치이다.

2) 종류
① 스프링식 : 스프링을 이용하여 승강장 도어를 자동으로 닫히도록 한다.
② 중력식 : 추(weight)를 이용한 중력으로 승강장 도어를 자동으로 닫히도록 한다.

10 엘리베이터의 안전 스위치의 종류

① 추락방지안전장치
② 과속조절기
③ 개문출발방지장치
④ 완충기
⑤ 출입문 안전장치(문닫힘안전장치)

⑥ 출입문 도어 스위치
⑦ 전자-기계 브레이크 : 전자식으로 운전 중에는 항상 개방되어 있고, 정지 시에 전원이 차단됨과 동시에 작동한다.
⑧ 과부하감지장치 : 정격하중의 10%(최소 75kg)를 초과하기 전에 검출해야 하며, 과부하 감지 시 경보를 울리고 문 닫힘을 저지하며 카의 출발을 방지한다.
⑨ 비상 통화 장치 : 정전, 고장 등으로 승객이 카에 갇혔을 때 외부와 연락을 위한 통화 장치이다.
⑩ 리미트 스위치 : 카가 최상층 및 최하층을 지나 초과운행을 방지하기 위한 안전장치로서 강제감속 리미트 스위치-리미트 스위치-파이널 리미트 스위치로 구성되어 있다.
⑪ 비상구출문 : 정전 및 고장에 의하여 승객이 카에 갇힘 사고 발생 시 카의 내부 또는 측면에 설치된 비상구출문이다.
⑫ 각층강제정지운전장치 : 주로 야간에 사용되는데 방범을 목적으로 주택에서 사용되고 있다. 각층 정지 스위치를 ON 시키면 각층을 정지하면서 목적 층까지 운행한다.

11 엘리베이터용 전동기의 구비조건

① 기동 토크는 크고 기동 전류는 작을 것
② 회전부의 관성 모멘트는 작을 것
③ 가격이 싸고 유지보수가 간단할 것

12 매다는 장치 소선의 파단 기준표

기 준	마모 및 파손상태
1구성 꼬임(스트랜드)의 1꼬임 피치 내에서 파단 수 4 이하	소선의 파단이 균등하게 분포되어있는 경우
1구성 꼬임(스트랜드)의 1꼬임 피치 내에서 파단 수 2 이하	파단 소선의 단면적이 원래의 소선 단면적의 70% 이하로 되어있는 경우 또는 녹이 심한 경우
소선의 파단 층수가 1꼬임 피치 내에서 6꼬임 매다는 장치면 12 이하, 8꼬임 매다는 장치의 경우 16 이하	소선의 파단이 1개소 또는 특정의 꼬임에 집중되어있는 경우
마모되지 않은 부분의 매다는 장치의 직경의 90% 이상	마모 부분의 매다는 장치의 지름

13 유압식 엘리베이터의 밸브의 종류

1) 차단 밸브(Shut off Valve)
   - 모든 방향의 유체 흐름을 허용하거나 차단할 수 있는 양방향 수동 밸브이다.
   - 유압 장치의 보수·점검 또는 수리 등을 할 때 사용한다.

2) 사일런서(Silencer)
   - 작동유의 압력 맥동을 흡수하고 진동·소음을 방지를 위하여 설치하여야 한다.
   - 유압 펌프나 제어 밸브 등에서 발생하는 압력 맥동이 카를 진동, 소음의 원인이 된다.

3) 체크 밸브(non-return valve)
   한 방향으로만 유체를 흐르게 하는 밸브로서 정전 등 펌프의 토출 압력이 떨어져서 실린더의 기름이 역류하여 카가 자유낙하를 하는 것을 방지하고 현 위치 유지가 가능하다.

4) 단방향 유량제한기(one-way restricter)
   한 방향의 유체 흐름은 자유롭게 하고, 다른 방향의 유체 흐름은 제한하는 밸브이다.

5) 바이패스 밸브(Bypass Valve)
   실린더 내의 유량을 일정하게 조정하여 엘리베이터의 속도를 조절하는 밸브이다.

6) 럽처 밸브(rupture valve)
   - 미리 설정된 방향으로 설정치를 초과한 상태로 과도하게 유체 흐름이 증가하여 밸브를 통과하는 압력이 떨어지는 경우 자동으로 차단하도록 설계된 밸브이다.
   - 압력을 전부하 압력의 140%까지 제한하도록 맞추어 조절한다.

7) 릴리프 밸브(Pressure Relief Valve)
   유체를 배출함으로써 미리 설정된 값 이하로 압력을 제한하는 밸브이다.

14 유압식 엘리베이터의 속도 제어 방식 중 유량 제어 밸브에 의한 방식

1) 미터인(meter-in) 회로
   유량 제어 밸브를 주회로에 삽입(meter in)하여 실린더에 들어가는 유량을 직접 제어하는 방식으로써 정확한 제어가 가능하지만, 여유분의 오일이 안전밸브를 통하여 탱크에 되돌려 보내지기 때문에 효율이 낮다.

2) 블리드 오프(bleed off) 회로
   유량 제어 밸브를 주회로에서 분기된 By Pass 회로에 삽입하여 설정된 유량으로 실린더 속도를 제어하고 나머지는 탱크로 보내는 방식으로써 장점은 효율이 높고 기동·정지 쇼크가 적다. 단점은 작동유의 온도, 압력 변화에 취약하며 정확한 속도 제어가 어렵다.

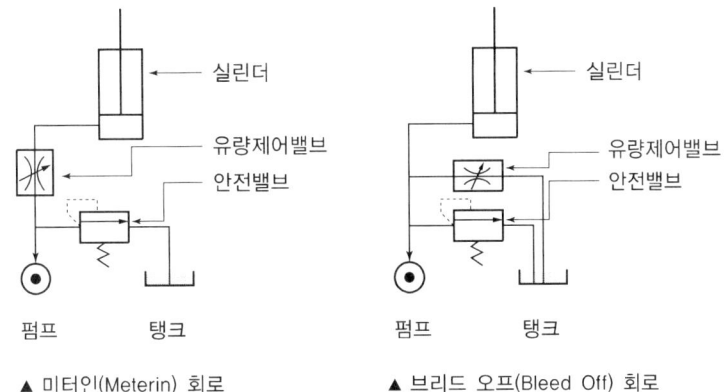

▲ 미터인(Meterin) 회로   ▲ 브리드 오프(Bleed Off) 회로

15 소방구조용 엘리베이터의 1차 소방운전, 2차 소방운전

1) 1차 소방운전

화재 시 소방 목적지까지 1차 이동하는 소방운전 스위치(버튼)이다.

2) 2차 소방운전

1차 소방 후 2차 소방 목적지까지 이동하기 위한 2차 소방운전 스위치(버튼)이다.

참고
- 1차 소방운전 : 화재 시 소방 목적지까지 1차 이동하는 소방운전으로 인진기준은 다음과 같다.
  ① 출입문 안전장치와 과부하방지장치의 기능은 정지된다.
  ② 카 내 행선지 버튼을 계속 누르면 문이 닫히고, 문이 완전히 닫히기 전에 손을 떼면 반전하여 열린다.
  ③ 카 내 행선지 버튼은 출발 후에 여러 층을 등록시켜도 최초 층에 정지하면 등록은 모두 취소되며 승강장의 호출 버튼에는 응답하지 않는다.
  ④ 행선지 층에 도착하여 정지하여도 자동으로 문이 열리지 않으며, 문열림 버튼을 계속 누르면 문이 열리고, 문이 완전히 열리기 전에 손을 떼면 반전하여 닫힌다.

- 2차 소방운전 : 1차 소방 후 2차 소방 목적지까지 이동하기 위한 2차 소방운전 스위치이며, 안전기준은 다음과 같다.
  ① 1차 소방운전 스위치를 작동하여 행선 층 버튼을 계속 눌렀으나 문이 닫히지 않을 때는 2차 소방운전 스위치를 작동하여 문을 연 상태에서 운전한다.

② 행선 층 버튼을 3초간 계속 누르고 있으면 카가 주행을 개시하여 목적 층에 자동으로 도착한다.
③ 행선 층 버튼을 누르고 있는 동안 부저가 울리고 주행 개시 후에는 멈춘다.
④ 목적 층에 도착한 후에는 1차 소방운전 상태로 복귀한다.

16 전기식 엘리베이터의 제어 방식

교류 제어	교류 1단 속도 제어	• 3상 교류의 단속도 모터에 전원을 공급하여 기동, 정속 운전하고, 정지는 전원을 끊고 기계적 브레이크로 정지시키는 방식이다. • 특징 : 구조가 간단, 착상 오차가 커서 중·저속 엘리베이터에 사용된다.
	교류 2단 속도 제어	• 기동과 주행은 고속 권선, 감속과 착상은 저속 권선으로 속도 제어하는 방식이다. • 특징 : 착상 오차, 감속 시 저 토크, 크리프 시간(저속으로 주행하는 시간), 전력 회생 등을 감안하여 2단 속도 모터, 속도비는 4:1을 사용한다.
	교류 귀환 전압제어	• 3상 유도 전동기의 카의 속도와 지령속도를 비교하여 그 차이만큼 사이리스터의 점호 각을 바꿔 제어하는 방식이다. • 특징 : 착상 오차가 적고, 승차감이 좋으나 모터의 발열이 크다.
	VVVF 인버터 제어 방식	• 유도 전동기에 공급하는 전원의 전압과 주파수를 동시에 제어함으로써 그 속도를 제어하는 방식으로써 PWM(Pulse Width Modulation)이라고도 한다. • 3상 교류전원을 컨버터에 의해 직류로 변환하고, 다시 인버터로 3상의 가변전압 가변주파수의 교류로 변환하여 직류전동기와 동등한 속도 제어를 할 수 있다. • 특징 : 종합효율이 높고 소비전력이 적고, 기동 전류도 적게 소요된다.
직류 제어	워드 레오나드 방식	• 전동 발전기의 계자를 제어하여 방향을 바꿔 속도 제어하는 방식이다.
	정지 레오나드 방식	• 사이리스터를 사용하여 교류를 직류로 변환시켜 전동기에 공급하고 사이리스터의 점호 각을 바꿈으로써 직류전압을 바꿔 직류 전동기의 회전수를 변경하는 제어 방식이다.

최종합격을 위한
승강기 실기[총정리]

정가 | 22,000원

최기호, 한영규
차 승 녀
도서출판 건기원

2018년 1월 10일   제1판 제1인쇄발행
2018년 7월 25일   제2판 제1인쇄발행
2019년 4월 10일   제2판 제2인쇄발행
2020년 2월 25일   제3판 제1인쇄발행
2020년 10월 30일   제4판 제1인쇄발행
2022년 8월 10일   제5판 제1인쇄발행
2024년 1월 15일   제6판 제1인쇄발행

주소 | 경기도 파주시 연다산길 244(연다산동 186-16)
전화 | (02)2662-1874~5
팩스 | (02)2665-8281
등록 | 제11-162호, 1998. 11. 24

• 건기원은 여러분을 책의 주인공으로 만들어 드리며, 출판 윤리 강령을 준수합니다.
• 본 수험서를 복제·변형하여 판매·배포·전송하는 일체의 행위를 금하며, 이를 위반할 경우 저작권법 등에 따라 처벌받을 수 있습니다.

ISBN 979-11-5767-799-3 13550